芝麻安全高效生产技术

卫双玲　高桐梅　主编

中国农业出版社

北　京

主编简介

卫双玲，研究员，国务院政府特殊津贴获得者，河南省"三八红旗手"。现任国家芝麻现代产业技术体系耕作栽培与土肥岗位专家、河南省农业科学院芝麻研究中心耕作栽培研究室主任。自"八五"以来，主持和参加了国家、省部级项目等20余项。先后选育成豫芝5号、豫芝8号、豫芝11号、郑太芝1号等16个国审（省鉴）品种。国内率先通过种间远缘杂交将野生芝麻抗病耐渍基因转入栽培种，创造出芝麻同源四倍体材料4个和一批高度抗病耐渍新种质；利用组织培养技术，建立了芝麻子叶植株再生技术体系，为芝麻重要材料的保存、转基因和新种质创制等研究奠定了基础；在系统研究了芝麻生长发育规律、高光效群体结构、水肥利用规律等高产机理以及机械精播、合理密植、肥水高效利用、科学促控、病虫草害综合防控、联合机收等关键性技术的基础上，首次提出了亩产200千克以上的产量构成因素和丰产长相，并在此基础上，创建了芝麻地膜覆盖、麦垄套种、高效间作套种、全程机械化生产技术体系等6套，创造出亩产268.8千克的世界最高纪录和一批亩产超200千克的高产典型，在生产上累计推广5 000多万亩，经济效益40余亿元。获得国家及省部级奖7项、国家发明专利4项，起草河南省地方标准3项，发表相关论文100余篇，出版专著4部。

编委会

主　编	卫双玲	高桐梅	
副主编	李　丰	苏小雨	
编　者	卫双玲	高桐梅　李　丰　苏小雨	
	吴　寅	张鹏钰　朱松涛	

前　言
Preface

　　芝麻是我国重要的经济作物和优质油料作物，在我国国民经济的发展中占有重要的地位。芝麻因其营养价值高，具有极高的医用价值和保健作用，越来越受到广大消费者欢迎。目前，我国芝麻年消费量在 100 万吨以上，年平均产量仅在 60 万吨左右，导致芝麻商品市场缺口量大，从 2006 年起我国已由过去的世界第一大芝麻出口国转变为国际第一大消费国，年进口量逐年加大，2015 年年进口量达到 80.59 万吨，同比增加 41.6%；2020 年进口 101.61 万吨，同比增加 25.1%；2021 年进口 117.43 万吨，同比增加 15.5%。因此，发展芝麻生产，提升我国芝麻单产和总产尤为重要。

　　近年来，随着芝麻产业体系的建立和国家油料倍增计划的实施，芝麻研究的深度、广度不断加大，芝麻品种的产量水平、商品品质和抗逆性明显提高，芝麻的高产栽培技术、机械化生产水平大幅提高，种植效益也不断提升，在不少地区随着农村产业结构的变化，芝麻的种植规模扩大，芝麻产业已成为当地农村经济发展、农民致富的支柱产业。

　　但是，在我国芝麻生产的发展极不平衡，产量水平相差较大，各省份最高产量与最低产量相差 50% 以上，从生产面积大于 10 万亩的 8 个省份来看，江苏省、湖北省、陕西省、河南省的平均单产超出全国平均水平 4.6％～22.0％，安徽省、湖南省、江西省、重庆市的平均单产比全国平均水平低 3.4％～32.9％。目前，随着我国在农业转方式、调结构、促改革等方面的改革与实践，过去单个农户的生产模式逐渐被新型农业经营主体所取代，芝麻的生产规模不断加大。在新形势下，如何增加芝麻产量、提升品质、降低生产成本，实现农业增产增效已成为限制芝麻产业发展的瓶颈。编者在多年研究的基础上，总结近年来芝麻研究的最新进展、新成果、新技术、新经验，查阅有关科技资料和相关文献，并吸取精华，编写了《芝麻安全高效生产技术》一书。本书概述了我国芝麻生产地位、生产现状和发展趋势；阐述了芝麻的植物学特性、芝麻产量构成因素、芝麻产量与环境条件的关系；系统介绍了芝麻高效生产技术，并对芝麻生育时期间的主要病虫草害的危害与症状、高效安全施肥原则、连作障碍机理进行详细分析，提出了具体的管理方法和相应的技术措施；书后附有《麦茬芝麻免耕生产技术规程》。本书的编写旨在为芝麻科研、生产和管理者提供参考，有利于更好地指导芝麻生产。内容既有一定的理论基础，又通俗易懂，力求科学性、系统性、真实性和实用性。

由于芝麻高产栽培发展迅速，本书涉及范围广、内容多，加上编写人员水平有限，本书中的不足之处在所难免，敬请同行和读者多提宝贵意见，以便补充和修正。

编　者

2023 年 2 月

目　录
Contents

前言

第一章
芝麻生产概述

**本章导读**

　　芝麻是我国重要的特色油料作物，在我国种植历史悠久、种植地域广泛。芝麻因其营养价值高、功能齐全，具有极高的医用价值和保健作用，越来越受到广大消费者欢迎。本章主要论述了芝麻在生产中的重要地位、我国芝麻生产发展现状及未来的发展趋势，以及芝麻自身的生物学特性。

第一节　芝麻的生产地位

　　我国是芝麻种植较早的国家之一，自西汉张骞出使西域带回胡麻开始，芝麻作为特色油料作物，迄今已有 2 000 多年的栽培史。我国芝麻种植与分布广阔，南起海南岛、台湾，北至黑龙江，东起台湾、上海，西到西藏、新疆，全国各地均有种植。我国芝麻种植面积较大，年总产量较高，种植面积和总产均居世界第四位，是世界芝麻生产大国之一，在世界上占有举足轻重的地位。我国芝麻单产水平高，居世界首位，更主要的是我国芝麻品质优良，在国际上享有盛誉。作为一种优质油料作物，芝麻在国民经济及对外贸易方面一直占有重要地位。

一、芝麻营养价值高，功能齐全

　　芝麻自古被当作保健佳品，是深受中国人民喜爱的食物之一，在中国有悠久的食用历史。芝麻营养全且含量高，籽粒中含有

18%～20%的蛋白质及丰富的粗纤维、矿物质、氨基酸和多种维生素，经常吃可使皮肤保持柔嫩、细腻和光滑，抑制老年斑、色素斑的形成，还能清除细胞内衰老物质的产生，延缓细胞衰老，保持机体活力。据中国预防医学科学院营养与食品卫生研究所测定，100克白芝麻中，含有蛋白质18.4克、膳食纤维9.8克、碳水化合物21.7克、维生素$B_1$0.36毫克、维生素$B_2$0.26毫克、烟酸3.80毫克、维生素E38.28克、钾266.00毫克、钠32.20毫克、钙620.00毫克、镁202.00克、铁14.10毫克、锰1.17毫克、锌4.21毫克、铜1.41毫克、磷513.00毫克、硒4.06毫克。芝麻籽粒中还含有生理活性成分，对人体具有保健作用，是其他油料作物不能取代的优质油料产品。据现代营养学分析，芝麻籽仁中含有人体所需的多种营养元素，其蛋白质含量多于肉类，其中氨基酸含量十分丰富，含钙量为牛奶的2倍，还含有维生素A、D及丰富的B族维生素。芝麻含脂肪更为丰富，高达54%～60%，还有较多的卵磷脂，可防止头发过早变白或脱落。芝麻主要分为白芝麻、黑芝麻两种。白芝麻主要用作榨油，黑芝麻多作为糕点辅料，中医学以黑芝麻入药。据测定，黑芝麻中含有丰富的优质蛋白质、脂肪酸、钙、磷等，营养之全是其他许多食品所无法媲美的，多种不饱和脂肪酸可促进皮肤新陈代谢，起到营养和护肤的作用。黑芝麻含有毛发生长所需要的蛋白质、脂肪和丰富的维生素B_1、维生素B_2、维生素B_6、卵磷脂，在现实生活中坚持服食黑芝麻，有乌发、美发之功效。芝麻中富含的膳食纤维能使大便易排，具有排毒作用。

二、芝麻是加工业的重要原料

芝麻是我国加工业的重要原料，通过多种生产工艺，可生产的食品品种繁多，常见以芝麻为主料的食品有芝麻酱、芝麻芽、芝麻糊、芝麻盐等，以芝麻为辅料的食品有芝麻覆衣食品、芝麻汤圆、芝麻饮料等。随着我国芝麻加工业的发展和人民消费结构的变化，在人们的日常生活中，用芝麻制作的食品很多，利用芝麻籽经过加工而成的产品更多，如芝麻香油、小磨麻油、水洗芝麻、炒食芝麻粉、芝麻糖、芝麻片、麻酥、麻饼、麻烘糕、芝麻酱（油）、芝麻豆腐、芝麻乳、黑芝麻糊；芝麻叶还可制作成干芝麻叶或罐头。目前，我国芝麻食品加工虽多为传统的小作坊生产，但在市场经济的带动下，蕴藏着大规模生产的巨大潜力。我国规模化加工及龙头企业的崛起，将改变以原材料、粗产品出口为成品、精产品出口，从而获得更大的经济效益。

三、芝麻具有极高的医用价值和保健作用

芝麻的医疗保健作用，在我国古代的医书、史册和诗词中有很多记述。《神农本草经》记载，芝麻味甘，性平，无毒，主治伤中虚羸，补五内，补心脏，益气力，长肌肉，填髓脑，久服强身不老。《食疗本草》记载，芝麻治虚劳，滑肠胃，行风气，通血脉，祛头风，润肤。《本草纲目》记载，胡麻有迟早二种，黑、白、赤三色，胡麻取油以白者为胜，服食、药用以黑色为良，其功能利大肠、生秃发、通大小肠、生肌、长肉、止痛、清臃肿、补交裂、治痛热病。《天工开物》提到，芝麻发得之而泽、腹得之而膏、腥膻得之而芳，毒历得之而鲜。现代中医学认为黑芝麻的医疗保健功能为强身健体，延年益寿，补肝肾，润脾肺；益耳目，健固齿；润肌肤，滑胃肠；防衰老，益脑智等。用于治疗眩晕、健忘、腰膝酸软、发须早白、阴虚干咳、皮肤干燥、乳汁不足，降低胆固醇，防止动脉硬化、高血压，防止血小板减少，平衡神经，预防神经衰弱；外用解毒生肌、护肤美容等，但腹泻者禁用。

四、芝麻是我国重要的贸易农产品

我国芝麻生产量大，以其籽大皮薄、口感好、品质优而名扬国内外。我国在 20 世纪 80 年代为世界第一大芝麻出口国，1981—1991 年 10 年平均年出口量 10 万吨左右，占世界贸易量的 25.5%，据联合国粮食及农业组织统计资料，1999 年我国芝麻出口量为 9.68 万吨，占全国主要油料作物总出口量的 11.87%，仅次于花生、大豆，居第三位。自 2003 年以来呈下降趋势，2004 年后大幅

下降，2010 年后出口量维持在 3.5 万～4.0 万吨。近年来，随着芝麻加工业的发展和国内消费量的增加，国内芝麻市场需求越来越旺盛，我国已由原来的芝麻出口国转变为世界第一大芝麻进口国家，2006 年进口量达到 26.36 万吨，以后呈加速上升的趋势，到2020 年进口量突破 100 万吨，对外依存度增加。因此，应快速发展芝麻产业，提高国内芝麻的总产量，以满足国内市场需求。

五、芝麻饼粕可作为优质饲料或有机肥料

芝麻榨油后的饼粕约含蛋白质 38％、碳水化合物 20％、粗脂肪 10％、磷 3％、钾 1.5％及其他矿质元素，可作为良好的饲料和肥料，有很高的经济价值，可制作畜禽精饲料。用水代法取油后的下脚料为麻渣，其含有丰富的蛋白质、无机盐、微量元素和维生素，沥水晒干后可作为家畜的配合饲料。此外，芝麻秸秆粉碎以后可以作为牛、羊等家畜的饲料。

芝麻加工后饼粕、麻渣及其他下脚料中含有丰富的氮、磷、钾及多种矿质元素，是一种优质肥料。据分析，约含有 6％的氮、3％的磷、1.5％的钾，以及其他的有机质，用作肥料不仅能提高产量，而且可显著改进作物品质；用作烟叶肥料，可使烟叶色泽、香味更佳。施用于西瓜、甜瓜、甘蔗、柑橘，则提高糖分，减少纤维；施用于花卉，则叶色娇嫩、花色鲜艳。芝麻秸秆、蒴壳也可沤制成有机肥料，其养分可供其他作物吸收利用，对增加土壤有机质、培养地力也有良好的作用。

六、芝麻腾茬早，有利于下季作物增产

在作物栽培制度中，由于芝麻生育期短、腾茬早、茬口轻，有利于轮作倒茬及后茬作物生长发育。特别是在黄淮流域及长江中下游地区，对小麦有显著的增产效果，是冬小麦的好茬口，历来深受重视。故有"芝麻茬、小旱垡"的评价。而且芝麻一生与其他作物相比需肥量较少，因此，种植芝麻是一种投资少、见效快、以油养地、以油促粮的最佳栽培方式。

七、芝麻是一种优良的蜜源作物

芝麻花蜂蜜是蜜蜂采集芝麻的花蜜或分泌物，经过充分酿造而贮藏在巢脾内的甜物质，是药食同源的天然营养品，是一种成分极为复杂的糖类复合体，其蜜适合头晕眼花、肾虚腰酸、津液不足、大便燥结、须发早白、发枯脱落、高血压、血管硬化、产后妇女、贫血者、慢性神经炎、末梢神经炎患者服用。

在芝麻生育期间，6—8 月为芝麻花期，花期长达 30～40 天，花器大，花冠中含有较大的蜜腺，开花数量多，产蜜量大，所以说芝麻是一种优良的蜜源作物。因此，利用芝麻田发展养蜂业，可增加经济收入。

第二节　我国芝麻生产现状和发展趋势

一、我国芝麻的生产现状

芝麻在我国种植范围广阔，从南到北各地均有种植，主要集中在黄淮流域、长江流域、江汉平原和华北平原等区域。中国统计年鉴显示，20 世纪 80 年代到 21 世纪初我国芝麻年种植面积在 67 万公顷左右，年总产量在 70 万～80 万吨，达到了生产高峰，我国一度成为世界芝麻第一大生产国，尤其是 1985 年后，随着芝麻科研水平的提高，一批高产稳产新品种育成，高产配套栽培技术得到推广应用，芝麻生产水平保持稳步提高，2001—2020 年平均年种植面积 42.45 万公顷（表 1-1），平均年总产量 53.2 万吨，其中 2002 年种植面积和总产量达到 21 世纪最大值，分别为 75.86 万公顷和 89.5 万吨。近年来，随着我国农业种植业结构的调整，我国芝麻年种植面积呈下降趋势，2016—2020 年 5 年平均种植面积约 25.89 万公顷，年总产量 35.2 万～46.7 万吨，年种植面积和总产均居世界第四位，仅次于印度、苏丹和缅甸，在世界上占有举足轻重的地位。我国芝麻单产水平高，主要原因是国家芝麻产业体系的启动极大地推动了芝麻科研与示范推广工作，加快了成果转化的进程，新品种、新技术在生产中应用面积大幅度提高，使得芝麻单产得以大幅度提升，2020 年芝麻单产达到 1 564 千克/公顷，创历史新高，居世界首位。而且我国芝麻籽粒纯白、口味纯正、品质优良，在国际上享有盛誉，曾远销韩国、日本、美国、澳大利亚、加拿大、新加坡等地。

我国芝麻种植分布广，据中国统计年鉴统计，2020 年度我国 28 个省份均有芝麻种植，主要分布在河南、湖北、江西三省（表 1 - 2）。芝麻种植面积较大的省份还有安徽、湖南、陕西等。这 6 个省芝麻年种植面积总计 26.047 万公顷，占全国同期平均年芝麻种植面积的 89.1%，其余 22 个省份仅占全国总面积 10.9%。6 个省总产量 40.1 万吨，占全国同期年平均产量的 87.7%，其余省份仅占 12.3%；6 个省的平均单产 1 491.0 千克/公顷，低于全国平均水平，但湖北、安徽的产量高于全国水平。

表 1 - 1　2001—2020 年我国芝麻的年种植面积、单产和总产量

年份	种植面积（万公顷）	单产（千克/公顷）	年总产量（万吨）
2001	75.78	1 061	80.4
2002	75.86	1 180	89.5
2003	68.72	863	59.3
2004	62.40	1 128	70.4
2005	59.30	1 054	62.5
2006	56.44	1 173	66.2
2007	44.98	1 156	52.0
2008	42.74	1 205	51.5
2009	41.31	1 295	53.5
2010	35.73	1 293	46.2
2011	33.53	1 366	45.8
2012	32.38	1 439	46.6
2013	29.99	1 464	43.9
2014	30.28	1 443	43.7

年份	种植面积（万公顷）	单产（千克/公顷）	年总产量（万吨）
2015	30.10	1 495	45.0
2016	23.02	1 529	35.2
2017	22.73	1 610	36.6
2018	26.20	1 645	43.1
2019	28.29	1 651	46.7
2020	29.22	1 564	45.7
平均	42.45	1 330.7	53.2

注：数据来自中国统计年鉴。

表 1－2　我国主产区芝麻生产情况（2020 年）

省份	面积（万公顷）	单产（千克/公顷）	总产（万吨）
河南	11.772	1 563	18.4
湖北	8.032	1 631	13.1
江西	3.135	1 244	3.9
安徽	1.225	1 632	2.0
湖南	1.128	1 419	1.6
陕西	0.755	1 457	1.1
江苏	0.568	1 938	1.1
浙江	0.531	1 695	0.9
重庆	0.453	1 103	0.5
广东	0.312	1 924	0.6
河北	0.202	1 485	0.3
吉林	0.198	1 008	0.2
山西	0.180	1 111	0.2
四川	0.172	1 745	0.3
内蒙古	0.134	749	0.1
海南	0.078	1 280	0.1
贵州	0.068	1 462	0.1

注：数据来自中国统计年鉴。

在种植制度上，黄淮、江淮地区的芝麻基本上是一年两熟制，夏芝麻主要与小麦、大麦、蚕豆、豌豆和油菜等互为前后作。特别在黄淮平原地区，芝麻小麦轮作有着良好的相互促进作用，历来为生产所重视。华北、东北、西北地区以一年一熟春播为主，部分地区实行一年两熟制夏播。华中南地区气温较高，入秋前后尚有一段宜于芝麻生长的时期，因而三熟制的秋芝麻面积较大，也还保留一定面积的两熟制夏芝麻。在我国，以前芝麻生产以黄白芝麻为主（江西省以黑芝麻为主），随着芝麻食品加工业水平的提高，纯白大粒芝麻的市场需求量增加，纯白芝麻种植面积逐年上升。

我国芝麻种植历史悠久，广大劳动人民在几千年的芝麻种植实践中积累了极其丰富的经验，但在灾难深重、民不聊生的旧中国里，芝麻科研工作几乎是一片空白，全国没有专门从事芝麻育种栽培等技术研究的机构和科技人员。新中国成立后，在党和人民政府的关怀下，我国芝麻科研工作开始起步，20世纪50年代主要开展了芝麻品种资源征集、整理、鉴定以及良种评选工作，并全面系统地调查总结推广了群众在轮作倒茬、耕作、适时早播、科学中耕、除涝防渍等方面的宝贵栽培经验。与此同时，专业研究机构从无到有、由少到多，研究人员逐渐增加，我国具备了一定的芝麻科研条件。20世纪60—70年代，我国芝麻科研事业有了较快的发展，研究工作逐步走向深入，种植技术研究从总结农民经验转向单项栽培技术的系统研究，新品种选育也从系统育种转向杂交育种。20世纪70年代后期至80年代是我国芝麻生产发展的转折点，同时也是我国芝麻科学研究蓬勃发展的阶段。芝麻种质资源收集保存和主要特征特性鉴定被列入国家科技攻关计划，芝麻种质资源耐渍性鉴定及研究先后得到国家自然科学基金的资助。在农业部科技司的组织指导下，开始进行国家芝麻品种区域试验，芝麻育种也被纳入农业部重点项目，并于1981年成立了全国性跨学科、跨地区的芝麻科研协作组织。在此期间，芝麻科研队伍迅速壮大，国内外学术交流日益增多，研究领域日益扩大，研究内容更加广泛、深入，科研条件和研究水平显著提高，我国在芝麻种质资源、遗传育种、栽培、病虫害防治等方面取得了一批举世瞩目的重大科研成果，在品质育种、抗病育种、杂种优势利用以及高产配套栽培技术等方面已走到了世界前列，对我国芝麻生产的发展起到了巨大的推动作用。进入20世纪90年代后期，国家对农作物研究的投资主要集中在主要农作物上，有关小作物研究的项目较少，使得芝麻科研队伍越来越少，到2000年底全国专职从事芝麻研究的人员不足20人。进入21世纪以来，随着种植业结构的调整及国家粮食补贴政策的发布与执行，油料作物面积大幅度下滑，产量徘徊不前，国内食用植物油产需缺口不断扩大。为促进我国食用植物油产业健康发展，保障食用植物油的供给安全，自2007年起，国家及有关部门先后制订出台了一系列促进油料生产和油脂工业发展的政策措施，如《国家粮食安全中长期规划纲要（2008—2020年)》《全国新增1 000亿斤粮食生产能力规划（2009—2020年）的通知》《下大力扩大大豆和油料生产 推进粮豆合理轮作》等，在油料油脂生产、加工、流通、储备、进出口等各个环节采取综合有效的政策措施，充分调动农民的生产积极性，适当恢复油料种植面积，努力提高单产，大力改善品质，促进食用植物油产业健康发展，保障我国食用植物油供给安全。

二、未来芝麻生产发展趋势与策略

（一）我国芝麻生产发展面临的挑战

我国是芝麻生产的大国，独特的气候地理条件适宜芝麻的生长，芝麻种植面积、单产和年总产量均居世界前列。中国也是芝麻消费大国，芝麻产品是深受我国人民喜爱的食物之一。随着我国经济的快速增长，居民的生活方式与膳食结构发生了显著变化，芝麻加工工艺和加工技术不断提高，芝麻加工由原来的以芝麻油为主，转变为多种产品并举。除传统的芝麻油、芝麻酱外，还有脱皮芝麻、芝麻芽、芝麻糊、芝麻盐、芝麻汤圆、芝麻饮料、调味酱、芝麻豆腐等，使得我国芝麻的消费量逐年上升，生产自给率越来越低，芝麻已成为国际市场依存度较大的农产品之一。据专家预测，目前我国芝麻年消费量达到 150 万吨以上，而近年来芝麻年生产量仅 40 万～50 万吨，市场缺口量 100 万吨左右，2020 年度进口量达到 100.61 万吨，我国已成为世界第一大芝麻进口国家，市场需求量尚有很大空间。有关部门预测，随着芝麻加工业的发展和人民健康意识的增强，我国对芝麻及其制品消费量也随之呈增长趋势，供需缺口不断扩大，芝麻需求量呈刚性增长，预计 2030 年芝麻年需求量达到 180 万吨，这将使本来已偏紧的供求关系更加紧张，芝麻刚性需求量迫切要求芝麻生产必须有大的发展。

当前我国粮油争地严重，芝麻种植面积难以扩大，资源增产潜力有限和气候条件变化异常的现实下，依靠科技创新，充分挖掘和发挥芝麻单产潜力成为支撑芝麻产业发展的唯一选择。目前，虽然我国 2016—2020 年芝麻平均单产 1 599.8 千克/公顷，远高于世界主产国的印度（432.0 千克/公顷）、苏丹（1 017.0 千克/公顷）、缅甸（535.5 千克/公顷），但与高产芝麻品种所具有的遗传产量潜力相比，我国现在的芝麻产量仍处于较低水平。芝麻高产攻关和高产基地建设实践证明，把提高芝麻单产水平作为主攻目标是切实可行的。河南省农业科学院芝麻研究中心 2004 年分别在平舆县、项城市建立豫芝 11 号芝麻高产田，其中平舆县 1.07 公顷芝麻平均单产达到 2 962.5 千克/公顷、项城市 1.33 公顷平均单产 3 139 千克/公顷；2010 年在平舆县建立郑芝 98N09 晚夏播芝麻高产田 6.73 公顷，平均单产 2 827.5 千克/公顷，比非示范区增产 1 762.5 千克/公顷；2012 年在项城市建立郑芝 12 号高产示范基地 66.67 公顷，平均单产 2 694.0 千克/公顷；2013 年在新疆精河县建立郑芝 13 号高产示范基地 23.73 公顷，平均单产 2 911.5 千克/公顷。以上数据表明，芝麻并非低产作物，利用芝麻新品种并结合配套的高产高效轻简化生产技术，就可以大幅度提升芝麻单产，提高种植户生产效益。

芝麻是集优质特种油料、营养保健于一体的多用途作物，也是很好的粮食生产轮作倒茬作物，这是其他农作物无可替代的。作为一种劳动密集型大宗农产品，芝麻多种植于干旱、瘠薄、滩涂地上，尤其对于农业欠发达地区的经济贡献率较高，农民种植意愿较强，在一些地区芝麻是一种无可替代的高效作物。芝麻比较效益较高，种植芝麻与其他农作物相比，病虫害发生较轻、需肥量较小，投资少、成本低，生产1千克芝麻相当于生产6.5千克小麦、3千克大豆。因此，充分认识到芝麻生产发展的重要性，把芝麻单产突破作为主攻目标，稳定芝麻种植面积，大力开展芝麻高产、机械化、轻简化关键生产技术研究，大力推广芝麻新品种及高产稳产、优质高效、轻简化生产技术规程，实现芝麻单产和总产的新突破，不仅可以增加优质油料的产量，而且对保障我国油料产业安全意义重大。

（二）我国芝麻生产发展的策略

中国是芝麻生产大国，也是芝麻消费大国。虽然我国芝麻产业随着现代农业产业体系的建立，在芝麻新品种选育、芝麻简化栽培技术的研究与推广方面不断加强，使得芝麻单产快速提高，芝麻产业得以快速发展。但面对我国人口的持续增长和城镇化速度的加快及人均耕地面积日益下降的新形势，芝麻种植面积扩大受到一定的限制，需要通过增加投入和发展科学技术来保持其可持续性增长。在提高资源利用效率的同时，不断提高芝麻的单产、品质和效益，满足日益增长的市场需求，已成为我国芝麻生产发展的目标。因此，我国芝麻产业的发展方向是以稳定种植面积、着力提高单产、不断增加总产、保障质量安全为发展方向，以按照布局区域化、品种专用化、种植轻型化、生产标准化、运作产业化为发展方向，引导芝麻产业向最适宜地区进行集中，尽快形成一批具有较强国际竞争力的油用、食用或出口专用品种优势产业带，大力推广与芝麻新品种配套的全程机械化生产技术，努力实现标准化生产，积极培育壮大龙头企业，结合农村土地流转，与农民种植合作社联合，扩大生产规模，辐射带动芝麻产业整体竞争力的提高。

1. 未来芝麻产业发展趋势 在保证国家粮食生产的前提下，坚持稳定提高食用植物油自给水平，在巩固前期技术成果的基础上，全面部署芝麻科技发展高新技术研究、应用技术研究及产业化发展进程，建立稳定、高效的芝麻安全自主创新科技体系，在基因资源、分子育种、高效栽培生理、高效施肥、现代农业装备和加工利用等技术上取得重大突破，显著提高我国芝麻生产的科技贡献率，全面提升我国芝麻产业科技水平和可持续发展能力。预期我国芝麻生产的发展趋势如下：

（1）芝麻产量进一步提高，品质优质化、产品多元化　在进一步提高芝麻的产量、脂肪含量、蛋白质含量的基础上，预期将使产量提高 10%～15%，脂肪含量提高 2%～3%。此外，芝麻中的脂肪酸组分、氨基酸组分也将得到进一步改善，芝麻中的抗氧化物质如芝麻素、维生素 E 等含量也将得以提高，并得到充分利用，芝麻除作为芝麻香油外，优质芝麻蛋白、芝麻素等也将得到进一步开发和利用。

（2）芝麻生产进一步轻简化，技术集成度提高　劳动力成本不断提高，要求芝麻生产成本不断降低，但目前我国芝麻生产机械化程度极低，严重限制了芝麻产业的发展，因而要求研究推广适应我国生产条件的轻简化、机械化高效栽培技术。

（3）芝麻生产抗逆能力提高　世界各大油料生产国均十分重视芝麻品种对生物或非生物逆境抗性的改良，随着芝麻品种抗逆能力的增强，芝麻生产中的抗灾、减灾能力的提高和相关技术的改进，芝麻生产的抗逆能力将得以不断提高。

2. 芝麻栽培未来的发展策略

（1）依靠科技进步，增加科技投入，培育抗逆性强的多元化优质高产品种，降低生产成本　尽管目前我国高产优质、抗逆芝麻新品种较多，但经得起生产、市场考验的品种并不多，未来的芝麻生产应兼顾高产与优质、高产与抗逆，根据芝麻不同的用途，以市场为导向，因地制宜，以优质为前提，以综合抗性为基础，加工品质和营养品质兼顾，以优质与高产并重为目标，以科研院所和大专院校为技术依托，依靠科技进步，加快品质育种、抗性育种步伐，培育抗逆性强的多元化优质高产品种。

（2）利用科技创新，建立完善的芝麻生产体系，良种良法配套　根据气候、土壤等条件和品种区域化优势，合理布局，实现芝麻区域化生产，根据市场需求，调整芝麻品种结构，大力推广优质、高产、抗逆性强、高蛋白（高脂肪或高芝麻素等）专用型芝麻新品种。加强测土配方施肥、病虫害综合防治等先进实用技术的集成创新。依靠优质高产的品种、高效的耕作和栽培技术，研制适宜芝麻机械作业的机具，采用机械化免耕、少耕技术，简化耕作与管理程序，推广机械整地、播种、收获等机械化作业技术，实现良种良法结合，以减少生产作业成本，降低芝麻生产成本，提高种植芝麻的单产、商品品质和比较效益，刺激农民的生产积极性。

（3）合理调整生产布局、搞好统筹规划　我国幅员辽阔，不同产区的生态和自然气候条件差异很大，芝麻生产发展极不平衡，因此要根据农业资源和生态气候条件，因地制宜，对芝麻产区进行合理调整，使芝麻生产布局趋于合理化。应重点发展黄淮、江汉平原和长江流域等生态适宜区的芝麻生产，稳定发展东北、西北芝麻产区，并根据各产区的生态特点选择优质生产方向，规范引种，明确主栽品种。此外，要分析国际芝麻生产和贸易的现状和未来发展趋势，形成全国一盘棋，统筹安排，制定科学合理的短期和中长期发展规划。

（4）加强国家宏观调控，强化政府政策支持力度　充分利用惠农补贴政策效应，农业行政主管部门和各级技术推广部门要各尽其责、密切配合、加强沟通、共同推动芝麻产业的发展。行政主管部门要积极争取扶持政策和资金，保障各项工作的顺利开展。如对农民柴油、化肥等农业生产资料开支实行综合直补；对于购买大型农业机械、生物肥料和生物农药也进行补贴；鼓励农民购买大型农业机械，利用大型拖拉机耕地不仅可以加大耕层厚度，打破犁底层，还有助于提升秸秆直接还田效果；利用对生物肥料、生物农药和缓控释肥料的补贴，促进农民使用残留低、污染小的农业生产资料，减少对环境的污染，确保芝麻质量安全。

第二章 ▶

芝麻高效生产管理理论与技术

📝 本章导读

　　芝麻传统种植粗放，管理技术落后，使种植户产生芝麻产量低、效益差的认识误区。但芝麻产量的高低和种植技术与生产管理关系密切，采用科学的种植技术和管理措施，不乏出现大量高产典型。本章重点介绍了芝麻的植物学特性、产量构成因素、对栽培条件的要求及高效生产管理技术，为种植户提供切实可行的芝麻种植技术。

第一节　芝麻的植物学特性

　　芝麻是胡麻科胡麻属一年生草本植物，学名为胡麻，俗称芝麻、白麻。根据芝麻植物学特性和生产上的利用价值，并按照芝麻的籽粒颜色、成分与用途、形态结构、株型和分枝数量、花色和开花数量、生育期进行分类，可将芝麻分为不同的类型。

一、芝麻的类型与特征

（一）按照籽粒种皮颜色与内在的营养成分进行分类

　　芝麻种子的形状一般呈扁椭圆形、长圆形、卵圆形等，种子的一端为圆形，另一端稍尖呈钝突状或锐突状。蒴果中籽粒较大的品种，籽粒尖端多呈钝突状；蒴果中籽粒多且小的品种，籽粒尖端呈锐突状。种子呈白、黄、褐、黑、紫等基本种色，且各种颜色又有深浅浓淡之分，这主要是由于种皮细胞内色素的种类和数量不同所致。一般种子色淡者比色重者含油量高，即：白色＞黄色＞褐色＞紫色＞黑色。目前随着人们消费水平的提高，根据芝麻在加工生产上的用途不同，还可将芝麻分为油用型芝麻、食用型芝麻、油食兼用型芝麻、高蛋白芝麻和高芝麻素芝麻等。其中食用型芝麻要求芝麻籽粒大而饱满，色泽纯白，蛋白质含量在18％以上；油用型芝麻对芝麻籽粒的颜色和大小均要求不高，但籽粒含油量超过55％；油食兼用型则要求籽粒颜色和大小比油用型芝麻好，脂肪含量在52％～55％，蛋白质含量在18％左右；高蛋白芝麻籽粒的蛋白质含量在24％以上，在加工上以提取芝麻蛋白为主；高芝麻素芝麻是芝麻素含量大于0.5％的芝麻，可用来提取芝麻籽粒中的抗氧化物质。

（二）按照植株特征进行分类

1. 按照芝麻株型进行分类　按照芝麻植株疏密进行分类，可将芝麻分为紧密型和疏散型；按芝麻茎秆的高矮程度分为高秆型、中秆型和矮秆型三种；按分枝习性划分为单秆型和分枝型两种（图2-1）。一般单秆型品种在正常密度下不分枝，但在早播、稀植、肥水又较足时，茎基部会长出1～2个分枝，如豫芝4号、中芝8号、皖芝1号等有此习性。分枝型品种一般在主茎基部的1～5对真叶叶腋中，生长出分枝，一般有3～5个分枝，在水肥适宜、早播、稀植时，可长出8～10个分枝，最多可长出15～16个分枝。在第1次分枝上又长出分枝，被称为第2次分枝，分枝型品种在种

图2-1　芝麻茎秆的类型

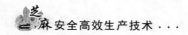

植密度大、水肥条件差的状况下，也会无分枝或少分枝，如豫芝2号、豫芝5号等品种。

2. 按照芝麻花色和开花、结蒴数进行分类 芝麻花色指的是芝麻花冠的颜色，其花冠颜色因品种而异，有白色、粉白、微紫，少数品种是紫或深紫色，可将芝麻分为白花型、红花型、紫花型品种。按照中部叶腋芝麻开花数量，可将芝麻分为单花型、三花型和多花型品种，开花数量为1个花朵，称为单花型；开花数量为3个花朵的为三花型；开花数量为5个花朵以上，称为多花型。一般分枝类型的芝麻多为单花型，生产上推广的芝麻品种多为三花型。按照蒴果类型（图2-2），可将芝麻分为四棱型、六棱型、混生型（四、六、八棱均有）。生产上以四棱型较为多见。

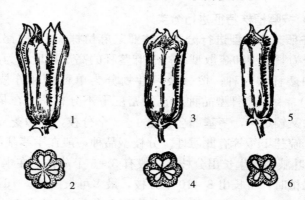

图2-2　芝麻蒴果类型的横切面
1. 八棱蒴果　2. 八棱蒴果横切面　3. 六棱蒴果　4. 六棱蒴果横切面
5. 四棱蒴果　6. 四棱蒴果横切面

（三）按照生育期进行分类

由于遗传上的差异，不同的芝麻类型从播种到成熟，其生育期长短不一致。我国栽培的芝麻品种，生育期一般为75～140天，根据生育期的长短，可将芝麻品种分为早熟、中熟、晚熟三种类型。由于我国幅员辽阔，各地划分早熟、中熟、晚熟品种的标准不完全一致。

1. 早熟品种　春播生育期一般为 85～100 天，夏播为 75～85 天，早熟品种一般植株矮小，叶片数量较少，一般为 20 片左右。由于生育期的限制，产量潜力较小，籽粒较小，千粒重在 2.0～2.5 克。

2. 中熟品种　春播生育期一般为 100～110 天，夏播为 80～95 天，中熟品种的植株高度、叶片数量介于早熟品种和晚熟品种之间，产量潜力较高，千粒重一般在 2.5～2.8 克。

3. 晚熟品种　春播 110～130 天及以上，夏播 100 天以上，晚熟品种一般植株高大，叶片数量较多，一般株高可达 2.0 米以上，叶片数为 40 片以上。由于生育期偏长，产量潜力较大，籽粒较大，千粒重达 3.0 克以上。

芝麻生育期的长短，随着环境的不同而有所改变，由于温度高低、日照时数的差异，芝麻品种在南北引种时，生育期会发生变化。一般情况下，北方品种向南方引种，常因日照短、温度高，导致生育期缩短；反之，南方品种向北引种，生育期则会相应延长。生育期的变化还取决于品种本身对光照的敏感程度，对光照敏感程度越高，生育期变化越大，如同一品种，南北方引种，播期早晚不同，生育期也会有差异。

二、芝麻的生长发育

(一) 营养器官的生长

1. 根

(1) 根的生长

①主根。种子萌发后，首先主胚根突破种皮，最先伸出，向下生长，深入土壤，成为主根。主根基部粗壮，是侧根着生的部位，基部向下延伸，主根直径突然变细，其尖端已与侧根的粗细近似，一般不再着生侧根。

由主胚根以及接连出现的侧根所构成的根系在芝麻生长发育的最初阶段出现，它们的生长主要依靠种子内所贮藏的营养物质，为便于和从分蘖节上所发生的根区别，通常就把它们合称作初生根（种子根）。

②侧根。主根所产生的各级大小分枝，都称为侧根。主根生长达到一定长度，才能在一定部位产生侧根，二者之间往往形成一定角度，侧根达到一定长度时又能产生新的侧根。从主根上生出的侧根称为一级侧根，一级侧根上生出的侧根，称为二级侧根，以此类推。不同侧根之间的长短粗细差别较大。

芝麻根系倾向于垂直分布，入土较浅，根系主要分布在 0～20 厘米土层内，总深度一般可达 1 米左右。各生育阶段，根系生长快慢不一。苗期生长缓慢，现蕾前，主根入土 30 厘米左右，侧根向四周扩展至 20 厘米左右；现蕾到初花期，生长加快，初花后20 天，根系基本定形，这时主根入土 1 米，侧根扩展到 50 厘米左右。根系的生长和分布受环境条件影响较大，一般在土质疏松肥沃时，根系发育快，入土深，分布广；在土壤板结、营养不足时，根系细小，入土浅。

（2）根系的生长特点　芝麻根的生长部位有顶端分生组织，根的生长也具有生长大周期。根也有顶端优势，主根控制侧根的生长。芝麻根尖顶端分生组织之内的静止中心含较少线粒体、内质网、质体等，与根冠分生组织相比，细胞分裂比较慢、周期长，故称为静止中心。

芝麻根部能长出不定根。不定根是指生长在不是正常发生部位的根。插枝、叶插、压条等方法繁殖，就是利用它们产生不定根的性能。芝麻不定根的产生需要两个过程，即不定根根原基的形成和不定根生长，前者需要生长素，后者需要营养和环境条件。生产上可用吲哚丁酸（IBA）和吲哚丁酸萘乙酸（NAA）等促进生根。

（3）根系的功能　在植株生长过程中，根系与地上部不断进行物质和信息的交流与联系。由于根系生长高峰与干物质积累高峰早于地上部（根系的干物质积累比地上部早，绝大部分在拔节以前进行，而地上部主要在拔节至开花期间才开始干物质的积累），因而根系发育的优劣、根系活力与延续时间长短直接关系到地上部的生长和产量形成。

①主根与侧根的功能期。全面分析来看，主根与侧根的作用

是相辅相成的，一个前期作用大，一个后期作用大；主根在一定程度上影响侧根的数量、质量，而侧根对主根伸长也有积极的作用。

②根系的生理机能。根系最主要的功能是吸收功能，即把土壤中的水分、矿质营养吸收到根内，以供其自身或地上部生长发育所需。根的功能部位在根尖，特别是根尖的根毛区是最活跃的吸收区域。

除此以外，芝麻根系还有其独特的生理功能：

A. 物质合成。根系所吸收的磷酸、二氧化碳和无机盐类同地上部运输来的有机物质一起，可在根内合成有机酸，并进一步合成氨基酸，然后在根内合成或运输到其他器官中合成蛋白质（包括酶类）、脂肪和维生素等。

B. 物质运输。把水分、矿质元素运往地上部，又可把地上部所制造的有机物质运输到根的有关部位。

C. 还具有支持与固定地上部植株的作用。

D. 分泌作用。当土壤中有效养分缺乏时，根系能主动分泌质子或有机物质活化土壤中难溶态元素，以利吸收。例如，在缺铁条件下，根尖可分泌麦根酸类铁载体，以增强对铁的吸收。在缺磷的条件下，芝麻根系 H^+ 的分泌量增加，根际 pH 下降，提高土壤中难溶性磷的利用率。

E. 信号传导。根尖可感应土壤环境胁迫（如干旱），并产生逆境信号（如脱落酸）传递到地上部分，调节地上部生长和行为（如气孔开闭）。

2. 茎

（1）茎的生长 芝麻种子发芽后，胚芽逐渐伸长，胚芽同子叶一起伸出地面，在顶芽生长点上与真叶分化的同时，主茎慢慢地往上生长。在整个生育期中，茎的生长速度总的表现是：前期慢，中期快，后期稍慢。一般来说，茎的生长最快阶段正是各器官生长发育最旺盛、干物质积累最多的时期。

茎的生长有顶端优势，顶芽抑制侧芽生长。控制芝麻茎生长最重要的组织是顶端分生组织和近顶端分生组织。前者控制后者的活性，而后者的细胞分裂和伸长决定茎的生长速率。茎的节通常不伸长，节间伸长部位则依植物种类而定，有均匀分布于节间的，有分布在节间中部的，也有分布在节间基部的。居间分生组织在整个生活史中保持分生能力。例如，芝麻倒伏时，茎向上弯曲生长就是居间分生组织活动的结果。在茎（包括根和整株植物）的整个生长过程中，生长速度都表现出"慢-快-慢"的基本规律（即呈现 S 形曲线），即开始时生长缓慢，以后逐渐加快，达到最高点，然后生长速率又减慢至停止。我们把生长的这三个阶段总合起来叫作生长大周期，可细分为四个时期：①停滞期，细胞处于分裂时期和原生质体积累时期，生长比较缓慢；②对数生长期，细胞体积随时间而呈对数增大，因为细胞合成的物质可以再合成更多的物质，细胞越多、生长越快；③直线生长期，生长继续以恒定速率（通常是最高速率）增加；④衰老期，生长速率下降，因为细胞成熟并开始衰老。

（2）茎秆的功能

①支持作用。支撑叶片，并使叶片均匀分布于田间以充分接受阳光，还支撑蒴果。

②输导作用。植株体内的水分、矿物质和有机物质等的上下交流都要通过茎的维管束来实现。

③贮藏作用。茎的薄壁组织能贮存较多的营养物质，到芝麻籽粒灌浆时运往蒴果部，对产量形成起重要作用。当生育后期叶片光合能力下降时或干旱、高温等环境胁迫下，茎秆中贮存物质快速分解和运转，以利芝麻籽粒灌浆。

④光合作用。嫩茎组织内含有很多叶绿体，当茎秆受到阳光照射时可以进行光合作用。

（3）茎秆性状与倒伏　芝麻茎秆抗倒力和蒴果部所承受的重量（蒴果部的承重能力）成正比，和植株高度成反比。用公式表示，即：

$$\lambda_r = Fb^{-1}$$

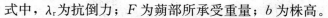

式中，λ_r 为抗倒力；F 为蒴部所承受重量；b 为株高。

一般情况下，抗倒力常受下列因素的影响：

①株高及茎节间性状。凡植株较矮（＜150 厘米）、茎基部 1～2 节间短而粗壮者，抗倒力较强；反之，抗倒力较弱。

②茎秆硬度及茎壁厚度。茎部纤维素、半纤维素形成较多，茎秆硬而富有弹性，茎壁厚，中腔小，单位长度重量大者抗倒力强；反之，抗倒力弱。

③茎的内部构造。茎壁组织中厚壁细胞层数多者抗倒力强。茎秆中维管束数目多、机械组织面积大、薄壁细胞木质化程度高且迅速者抗倒力强。

④品种特性。抗倒力是品种的基本特性之一。有的品种本身抗倒力强，有的品种抗倒力弱。

⑤栽培条件。建立合理的群体结构，并结合运用其他栽培技术，改善株内行间的光照条件，改善有机营养状况，控制拔节期基部节间伸长，促进茎秆发育，有利于芝麻茎秆基部节间粗短、秆壁变厚、机械组织发达，增加节间有机物质贮藏，维管束数目多、直径大，利于养分运转，对提高芝麻粒重和抗倒性均有利。

作物倒伏与茎高、茎粗、茎秆的机械强度有关，目前还没有统一的方法或指标用于田间测定品种的抗倒性。

生产实践中，常因多种原因而发生倒伏现象。倒伏程度分 3 级：偏离铅垂线 15°以下者为斜，15°～45°者为倒，45°～90°或茎秆弯曲、折断者为伏。研究表明，茎节间和茎节都具有分生能力很强的居间分生组织，这种组织中含有大量的趋光生长素。当倒伏发生后，由于这种生长素发挥作用，茎秆就由最旺盛的居间分生组织处向上生长，形成芝麻的背地性曲折。不同时期发生倒伏，背地性曲折的部位不同。根据茎秆本身的曲折自动调节特性，生产上可采取相应的防倒或倒后补救措施。除选用品种、合理密植和合理运筹肥水外，喷施植物调节剂等也是防止后期倒伏发生的有效措施。当植株本身仍有曲折恢复能力时，切忌人工扶起，因为浇水过量、过猛田块的植株马上可以挺起，降水多的雨后仅抖落雨水亦可马上恢

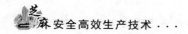

复直立，而人工田间扶起植株会破坏土壤结构、断折根系等，反而对背地性曲折不利。

3. 叶

（1）叶的生长　叶的建成历经原基分化、伸长和定形过程。除种子胚中早已分化的子叶外，其余叶均由茎生长锥基部的叶原基发育而成。叶片的分化形成要经历3个时期，即叶原基分化期、细胞分裂期和伸长期。分化出的叶原基不断进行细胞分裂和组织分化，并通过伸长过程扩大体积。

一般而言，芝麻叶在芽中形成，它由茎尖生长锥的叶原基发育而成。幼叶发育完成后由小变大的生长过程，因品种而异。芝麻的叶片是全叶均匀生长，到一定时间即停止，所以叶上不保留原分生组织，叶片细胞全部成熟。

（2）叶的功能

①呼吸作用。叶片进行呼吸，为芝麻正常生长提供能源。在不良条件下，叶片呼吸消耗增加，有时会超过本身的光合量，从而使叶片成为消耗器官。如密度过大时，下层叶片就可能成为消耗器官。

②蒸腾作用。叶是蒸腾作用的重要器官之一。根所吸收的水分，绝大部分以水汽的形式从叶面气孔蒸散到空中。蒸腾能促进体内水分、矿物质的传导，平衡叶温。但过度蒸腾，叶片因失水过多而萎蔫，这对芝麻生长极为不利。

③吸收作用。叶不仅是制造营养物质的器官，同时也是吸收水分、养分和农药等的器官。生产上根外喷肥、喷洒农药的原理就基于此。

④光合作用。这是叶片所具有的最重要的机能。芝麻产量的绝大多数来源于光合产物。所以，光合产物的生产、消耗、分配和积累状况与经济产量的高低密切相关。这就是说，要提高芝麻产量，就必须从以下几个方面着手：

A. 扩大光合面积。光合面积大小的指标是叶面积系数（LAI），即单位土地面积上芝麻叶面积的大小。在一定范围内，

LAI 和产量呈正相关关系；但若 LAI 过大，群体内部光照不足，呼吸加剧，净同化率（NAR）降低，严重时发生倒伏，从而导致减产。

B. 延长光合时间。延长叶片功能期，对提高光合产量十分重要，尽可能地延长芝麻叶片的光合时间（功能期）是提高光合产量的重要一环。有些地方的群众有食用芝麻叶的习惯，这大大缩短了叶片的光合时间，对产量形成极为不利，不应提倡。

C. 增强光合能力。光合能力的高低用光合强度来衡量。光合强度是指单位时间内单位叶面积上所合成的干物质的重量，或单位时间内单位叶面积上同化二氧化碳的毫克数。光合强度受很多环境因素制约，因而，要增强光合能力，必须改善这些环境条件。一是温度。在一定的温度范围内，光合强度随温度的升高而加强，超出这个范围，呼吸作用大于光合作用。二是光照。在光补偿点以上，光合强度随光强的增强而增强。三是二氧化碳的浓度。当二氧化碳浓度在一定范围内，随着其浓度的提高，光合强度逐渐增强。四是土壤水分和大气湿度。二者影响叶片中的水分饱和度，而叶片水分饱和度又影响光合强度。五是矿质营养。氮、磷、钾等营养元素的含量直接影响叶片的光合强度。

（二）生殖器官的生长

1. 花的生长

（1）芝麻花芽分化　芝麻花的分化过程可分为 8 个时期：①花蕾原基形成期；②花萼片原基形成期；③花瓣原基形成期；④雌雄蕊原基形成期；⑤胚珠形成期；⑥花粉母细胞减数分裂期；⑦花粉粒内容物充实期；⑧花粉粒成熟期。侧花的分化始于中花的花瓣原基形成期及雌雄蕊原基分化期。

（2）芝麻展叶顺序与花的发育　主茎展叶数与始花序原基发育的关系是始花序着生节位不同，花的发育进程与主茎展叶关系也不同。在正常发育的情况下，在第 2 对真叶平展以前，主茎生长锥只分化幼叶和营养芽，第 2 对真叶展平、第 3 对真叶露心时，主茎已分化出 6 对真叶，此时在第 4 节叶腋处花序原基开始伸长；第 3 对真叶展平，该花序原基分化出主花原基，主花原基的基部形成苞叶原基，顶端依次分化出花萼、花瓣和雄蕊原基，并且苞叶原基的叶腋之内开始形成侧花原基；当第4对叶展开，主花雌蕊原基形成，雄蕊进入造孢细胞时期，侧花则形成苞叶和花萼原基；第5对叶展开时，主花花蕾内已形成花柱和花丝，雌蕊、雄蕊分别处于胚囊母细胞时期和小孢子单核靠边期，侧花雌、雄蕊分别处于胚珠原基形成期和小孢子母细胞时期；当第6对叶展开，植株始现第一蕾，主花雌、雄蕊分别处于胚囊母细胞减数分裂期和细胞花粉期（图2-3）。

图2-3 花蕾发育过程

2. 芝麻蒴果的生长 芝麻开花受精后，花冠、雄蕊和花柱一起脱落，利于子房和花萼继续生长，开花后3～5天即形成幼蒴。芝麻蒴果的生长发育是前快后慢，一般开花后的前3天蒴果长度增长速度最快，第3天蒴果长度达到总长度的45%左右，第7天达到总长度的85%左右，开花后10～12天基本成蒴。蒴宽在开花后的前7天生长最快，蒴宽占总宽度的75%左右，到第11～13天基本稳定。中位蒴果的长度在授粉27天达到最大值，随后稍减并趋于稳定。随着蒴果的长度变化，体积也随之变化，当长度达最大值时，蒴果体积也达到最大值，随后蒴果停止膨大，体积减小，进入失水收缩阶段，30天左右基本定型。蒴果含水量于授粉后第24天达到最大值，随后逐渐减少并趋于稳定，而籽粒的含水量一直不断减少，至36天之后便趋于稳定。中位果蒴果鲜重及蒴壳鲜重在生长之初一直呈增长趋势，到授粉后第24～27

天达到最大值，随后呈降低趋势，而每蒴籽粒鲜重则于授粉后第30天达到最大值。蒴果干重和每蒴籽粒干重一直呈增长趋势，均于第36天达到最大值并趋于稳定。种子干重是种子生理及生产上的重要指标，种子的生理成熟与否取决于种子干重是否达到最大值，一般当种子干重达到最大值并趋于稳定时，其已经达到生理成熟并获得最高活力。可见种子在授粉后第36天左右进入生理成熟期。蒴壳干重在授粉后第24天达到最大值，随后呈降低趋势并趋于稳定，可见芝麻蒴壳的有机质在授粉后第24天左右便停止积累，之后养分继续向种子转移直至种子成熟，致使蒴壳干重有下降趋势。因此，蒴壳的生长对芝麻籽粒的发育有着重要的作用，影响着芝麻产量及品质的形成。侧位蒴果与中位蒴果的发育基本同步，但各项指标均弱于中位蒴果。

3. 种子的生长　芝麻花的大孢子发生和雌配子发育、小孢子发育以及脂肪酸的形成对于种子质量十分重要。

（1）芝麻大孢子发生和雌配子发育　对芝麻大孢子发生和雌配子发育过程和结构特征进行观察研究，结果表明，芝麻大孢子发生和雌配子发育过程可以分为5个阶段：①芝麻为倒生胚珠，单珠被，薄珠心；②大孢子母细胞直接来源于孢原细胞，减数分裂形成线形排列四分体，合点端一个为功能大孢子，胚囊发育为蓼型，成熟胚囊中见不到反足细胞；③在胚囊发育过程中，胚囊两侧的珠心表皮细胞解体，胚囊紧贴由珠被内表皮转变而成的珠被绒毡层之下，合点端珠心细胞转变为承珠盘；④减数分裂前期，大孢子母细胞无胼胝质壁，二分体、四分体也只有横向的胼胝质壁；⑤淀粉粒最初出现在子房壁和胎座中，并不断向胚囊提供多糖类物质。

（2）芝麻小孢子发育　芝麻小孢子的发育，根据试验观察结果，可以分为以下五个发育阶段：

①小孢子母细胞时期。小孢子母细胞中含有丰富的质体、线粒体、内质网和高尔基体等细胞器。核膜上核孔较多，有的区域形成较大的通道，以利于核内外物质、信息的交流，而核膜通道

附近的许多线粒体则起供能的作用。此时小孢子母细胞之间有很强的物质交流，细胞质和细胞器均可通过较大的胞间通道穿过，随后细胞质变浓，质膜收缩，质膜外沉积胼胝质，逐渐阻断各小孢子母细胞间的物质交流，随即进入减数分裂时期。减数分裂为同时型，每个药室中的小孢子母细胞减数分裂基本同步。

②四分体时期。四分体为四面体形。最初四分体小孢子的质膜与胼胝质壁相接紧密，质体多居小孢子的一侧，内具着色很深的片层，细胞中高尔基体数目较多，分泌许多小泡。随着小孢子的发育，细胞质变浓，质膜逐渐与胼胝质壁分开，尤以四分体外侧的质膜内陷较快，于质膜外形成纤维素原外壁。

③单核小孢子时期。四分体小孢子之间的胼胝质壁溶解，小孢子游离于花粉囊中，形成单核小孢子，此时细胞中出现小液泡，并逐渐合并成大液泡，核偏于细胞的一侧；质体多分布于远离细胞核的一侧，体积较大，无一定形状，如棒状、不规则形等，内具着色深的片层，整个细胞呈球形。

④细胞花粉粒时期。单核小孢子进一步发育，偏于细胞一侧的核进行有丝分裂，由于小孢子孢质分裂高度不均等，结果形成两个大小差异悬殊的细胞，即生殖细胞和营养细胞，整个发育进入细胞花粉粒时期。初形成的生殖细胞与营养细胞初形成的生殖细胞呈梭形，靠近小孢子的壁，营养细胞靠近大液泡。生殖细胞与营养细胞之间，由成膜体小泡形成两层质膜将它们隔开。这两层质膜分别与原小孢子的质膜相连，两层质膜的隔间则成为与花粉粒壁相通的开放系统，其内填充胼胝质或多糖等壁物质，形成分隔生殖细胞和营养细胞的壁，并在与原小孢子的质膜相接处形成一个小基足。此时生殖细胞的细胞质中含有线粒体、内质网，少量质体呈退化状，无高尔基体存在；营养细胞占据了花粉粒的大部分，内具大液泡，细胞质中质体、线粒体明显增加，内质网发达。

⑤花粉粒壁的形态发生。在小孢子母细胞时期，细胞壁与质膜

之间出现电子密度比细胞壁大的覆盖层。随之，细胞质内陷，在质膜外沉积胼胝质形成胼胝质壁。这些胼胝质一部分可能来自细胞内，另一部分则来自绒毡层的分泌物。四分体形成后，质膜与胼胝质壁紧密相接，在近质膜处有许多着色深的颗粒状物质。以后质膜内陷，在胼胝质壁与内陷的质膜之间靠近质膜处形成纤维素原外壁，这层原外壁的物质显然来自小孢子。小孢子质膜处分布许多颗粒状及细丝状的纤维素物质。原外壁以后逐渐靠近胼胝质壁，二者构成花粉粒外壁的基础。随后，绒毡层分泌的物质沉积在网孔状的胼胝质壁上或网孔内，小孢子内分泌的物质仍沉积在波浪状的原外壁上。在胼胝质壁消失、小孢子游离时，已形成了一层较厚的原外壁。原外壁表面有孢粉素沉积的位点，绒毡层分泌的孢粉素和乌氏体在其上沉积，逐渐形成小孢子外壁的基柱层。萌发沟处无基粒棒形成。其他部位的原外壁形成几层相叠的外壁内层；内壁随之形成，内壁较薄，呈波浪状，电子密度小。除萌发沟的部位外，小孢子外壁上沉积孢粉素及乌氏体等壁物质越来越多，形成很厚的基柱层及其外覆盖层。随着花粉粒的不断发育，其周径扩大，萌发沟处逐渐产生突起，并向两侧延伸，形成一层壁层，称为中层。在花粉粒即将成熟时，萌发沟处的突起几乎与外壁外层相齐。

（3）种子发育过程中脂肪酸组分的变化 种子的发育和成熟过程也是其脂肪酸化学组分的形成、相互转化和积累的过程。芝麻种子粗蛋白质在种子发育 15 天以前便已达到一定水平，随后缓慢增长。粗脂肪在种子发育的 18 天之前增长较为迅速，18 天以后脂肪积累较缓慢，第 33 天达到最大值。大部分脂肪酸在授粉后 15 天之前便达到一定值，随后出现一些不太大的波动变化然后达到相对稳定阶段。油酸在授粉 15 天后先降后升然后趋于稳定，而亚油酸与其呈负相关。棕榈酸在授粉 15 天后一直呈下降趋势，27 天达到相对稳定，亚麻酸和山嵛酸于 15 天后便维持稳定，而花生酸则于 18 天后维持稳定。

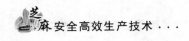

第二节　芝麻产量构成因素

一、芝麻产量构成因素的形成

芝麻的产量构成因素为单位面积株数、单株蒴数、单蒴粒数和千粒重。单位面积株数是形成芝麻单位面积生物产量和经济产量的基础，在芝麻的整个生育期内（营养生长阶段、营养生长和生殖生长并进阶段、生殖生长阶段）决定着芝麻的单株蒴数、单蒴粒数、千粒重。营养生长是基础，只有营养生长健壮，才能满足后期生殖生长所需要的载体。生殖生长是营养生长的必然，当营养生长发育到一定阶段后就转为生殖生长。在芝麻生长的不同阶段，生长中心不同，其主要矛盾也各有不同。在芝麻产量形成过程中，受诸多因素影响和控制，既与芝麻品种产量潜力有关，又与各生育阶段的生长发育有关，同时环境因素、栽培技术、气候因素等也会影响芝麻产量构成因素的形成。

在芝麻的产量构成因素中，单株蒴数又与单位面积株数、单株开花数和成蒴率有关，单蒴粒数与品种的结实性和种植环境有关，千粒重与灌浆持续时间、灌浆速率和种植环境有关。由此可见，芝麻产量构成因素间相互联系、相互影响，从理论上说，芝麻高效生产是协调各因素间的相互关系，争取使单位面积株数、单株蒴数、单蒴粒数和千粒重的乘积达最大值，指在一定的气候、土壤质地、栽培水平、肥力水平和优良品种的条件下，寻求产量因素间最大乘积的途径。

二、产量构成因素间的关系及作用效应

大量研究表明，芝麻产量构成因素间普遍存在相互制约的关系。

众所周知，若种植密度过高，芝麻个体生产能力过低，虽有较多的株数，是不能够获得高产的；反之，若种植密度过低，虽有较高的个体生产能力，但因单位面积株数过少，同样也不能够获得高

产。不同地点及产量水平下芝麻产量构成因素的变化见表 2-1，随着地点的变化，密度不同，同一品种的产量结构变化较大，从而导致同一品种的产量水平发生变化，表明同一品种在同一地区只有密度适宜、产量结构合理，才能取得高产。

表 2-1　不同地点及产量水平下芝麻产量构成因素的变化

（河南省农业科学院芝麻研究中心，2009 年）

试验地点	品种	密度（万株/公顷）	单株蒴数（蒴/株）	每蒴粒数（粒/蒴）	千粒重（克）	产量（千克/公顷）
郑州	郑芝98N09	7.5	130.7	74.1	2.6	883.5
		15	101.5	68.5	2.62	1 354.5
		22.5	58.2	57.9	2.35	1 455
		30	47.2	65.8	2.32	1 159.5
		37.5	52.6	56.1	2.37	958.5
		45	32.8	51.2	2.2	579
开封	郑芝98N09	7.5	92.9	65.3	2.62	1 159.5
		15	56.5	61.9	2.51	1 171.5
		22.5	49.5	57.6	2.74	1 296
		30	39.9	56.2	2.56	1 054.5
		37.5	39.4	53.3	2.69	1 146
		45	24.1	46.2	2.65	1 033.5
周口	郑芝98N09	7.5	119.5	85		1 284
		15	113.5	81.5		1 326
		22.5	109.5	80		1 245
		30	105	75.5		1 218
		37.5	105.5	70		1 063.5
		45	96	67		1 021.5
南阳	郑芝98N09	7.5	115.2	58	3.43	999
		15	72	57.7	3.29	1 144.5
		22.5	73.4	55.6	3.39	1 240.5
		30	56.9	56.5	3.52	1 275
		37.5	38	53.3	3.65	1 359
		45	54.1	53.6	3.23	1 192.5

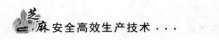

（续）

试验地点	品种	密度 （万株/公顷）	单株蒴数 （蒴/株）	每蒴粒数 （粒/蒴）	千粒重 （克）	产量 （千克/公顷）
三门峡	郑芝 98N09	7.5	142	68.9	3.3	1 506
		15	99.9	66.8	3.34	1 818
		22.5	90.3	59.2	3.12	1 935
		30	75.6	59.2	3	1 887
		37.5	67.1	55.6	3.05	1 998
		45	65.1	52.4	3.06	2 154
辽阳	辽9501-2	7.5	80.1	55	2.91	442.5
		15	84.5	46.9	2.92	642
		22.5	76.3	49.7	2.86	733.5
		30	74.5	49.5	2.8	663
		37.5	71.6	51.8	2.94	675
		45	59.6	49	2.76	595.5
石家庄	郑芝 98N09	7.5	56.5	70.8	2.73	1 066.5
		15	47.4	69.9	2.51	1 309.5
		22.5	57.1	67.7	2.57	1 876.5
		30	35.6	64.8	2.49	1 317
		37.5	44.2	66.6	2.61	1 242
		45	37.1	65.1	2.52	934.5
汾阳	晋芝3号	7.5	67.8	60.9	2.37	433.5
		15	54.7	62	2.41	667.5
		22.5	32.2	60.4	2.29	367.5
		30	48.5	61.3	2.13	600
		37.5	39.2	61.1	2.04	508.5
		45	28.1	60.6	2.25	480

在芝麻产量构成因素中，单位面积株数是高产的基础。只有正确处理好个体生产能力与群体生产能力的关系，才能获得较高的产量。各地密度试验结果表明，当种植密度增加时，平均单株蒴数随

之下降，但并不按株数增加的比例下降。说明每亩 * 株数和每株蒴数二者之间的关系并不是简单的直线关系，而是一种曲线回归关系。种植密度与单位面积产量之间也不是直线相关，而是一种抛物线相关关系。在一定范围内，芝麻单位面积产量随着密度的增加而增加，超过一定范围，单位面积产量则随着密度的增加而减少。只有当增加密度所带来的群体生产能力的上升超过个体生产能力下降的总和时，密植才能增产。在这一抛物线的顶部、产量高而变化较为平缓的区间内的种植密度，就是合理密植的范围。这时各产量构成因素，将取得最佳组合，从而获得较高的产量。当然，由于芝麻品种类型、生产潜力及生育特性不同，各地种植区域土壤、气候条件的不同，以及各地生产水平的不同，其合理密植范围也不尽相同。各地区的密度试验结果也反映了在不同地区气候、土壤以及所采用的品种和栽培条件不同时，芝麻合理种植密度有很大差异。由此可见，芝麻合理密植必须根据品种特性，因地制宜，最终才能获取高产。

当粒数增加时，表明芝麻的库容增加，即对光合同化产物的需求增加，同样的光合同化产物分配到更多的籽粒，从而导致每个籽粒平均获得的光合有效同化产物下降，导致籽粒千粒重下降。根据芝麻到不同群体结构下各产量构成因素间的相互协调关系，其产量结果见表 2-2。

表 2-2　不同种植密度下芝麻各产量构成因素间的相互关系

密度 （万株/公顷）	蒴数 （万/公顷）	每蒴粒数 （个）	千粒重 （克）	产量 （千克/公顷）
7.5	459	74.1	2.6	883.5
15	754.5	68.5	2.62	1 354.5
22.5	1 069.5	57.9	2.35	1 455
30	759	65.8	2.32	1 159.5
37.5	721.5	56.1	2.37	958.5
45	514.5	51.2	2.2	579

* 亩为非法定计量单位，1 亩＝1/15 公顷。——编者注

由表2-2可以看出，在种植密度为15.0万～22.5万株/公顷时，芝麻产量各构成因素间能较好协调时产量达最大值，达到高效生产的目的。

当种植密度确定后，单株蒴数、单蒴粒数和千粒重就成为影响芝麻产量的重要因素。对于这三者之间的关系及其对芝麻产量的影响，河南省农业科学院芝麻研究中心于2009年和2010年联合我国北方芝麻科研单位采用同一品种和不同播期进行芝麻产量构成因素相关性研究。结果表明，在保证单位面积株数的前提下，单株蒴数、单蒴粒数和千粒重三个直接产量构成因素均与产量呈极显著正相关，其中以单株蒴数与产量的关系最密切。两年试验中，单株蒴数和蒴粒数的各级相关系数均表现为极显著的正相关关系，也就是说在气候正常的年份，单位面积蒴数对产量影响最大。千粒重与产量的关系均表现为正相关关系，但在单株蒴数与蒴粒数的影响下，千粒重与产量的关系年份间表现不稳定。总之，在构成芝麻产量的三个直接因素中，单株蒴数是最重要的因素。

2013年河南省农业科学院芝麻研究中心用240份材料，通过不同品种对芝麻产量构成因素进行相关性分析。结果表明(表2-3)，构成产量的三要素与产量之间的相关系数均达极显著水平，其中单株蒴数与产量关系最为密切，相关性达到极显著水平；其次是千粒重与产量的相关性也达到极显著水平；单蒴粒数与产量的相关性也达到极显著水平。另外，单株蒴数与单蒴粒数的相关性不显著；单株蒴数与千粒重的相关性达到极显著水平；单蒴粒数与千粒重的相关性达显著水平。由此表明，在产量构成三要素中，单株蒴数是形成产量的最关键要素，只有在保证单株蒴数的前提下，充分协调单蒴粒数与千粒重的关系，才能获得理想的产量水平，单株蒴数、单蒴粒数、千粒重三者之间存在着相互依赖、相互制约的关系。根据产量构成要素间的相互关系，每公顷产量3 000千克以上的芝麻产量群体结构与构成因素为每公顷蒴数保持在1 500万～1 800万、每蒴粒数70～75个、千粒重大于3.2克。

表 2-3　各产量构成要素间的相关关系

试验地点	单株蒴数与单株产量相关系数	单蒴粒数与单株产量相关系数	千粒重与单株产量相关系数	单株蒴数与蒴粒数相关系数	单株蒴数与千粒重相关系数	蒴粒数与千粒重相关系数
辽阳	0.816 0**	0.724 5**	0.700 0**	0.960 4**	0.853 6**	0.820 5**
郑州	0.956 4**	0.616 3**	0.520 5**	0.616 3**	0.537 8**	0.253 4
阜阳	0.810 3**	0.613 2**	0.776 0**	0.264 4	0.455 3**	0.415 5*
信阳	0.870 7**	0.689 4**	0.651 3**	0.167 6	0.675 3**	0.657 3**
汾阳	0.882 9**	0.588 6**	0.672 2**	0.582 1**	0.851 4**	0.580 8**

注：* 表示差异水平显著（P＜0.05），** 表示差异水平极显著（P＜0.01）。

第三节　芝麻对栽培条件的需求

芝麻的生长发育与环境条件息息相关，与环境形成了一个统一的动态系统，环境条件的变化对芝麻的生长发育及产量影响极大。芝麻在漫长的系统发育过程中，形成了喜温好光、耐干旱等特点，与其他作物相比，芝麻的生长发育对环境条件有着特定的要求，同时，芝麻也形成了对不良环境因素的抗性。

光、温、水、气、养分、土壤、气候等环境因素是芝麻生长发育都是不可缺少和不能替代的因素，也是不能代替的，但在诸多因素中芝麻生长发育最敏感的是温度和水分，积温和开花结蒴期的日平均气温高低及适温保持时间是影响芝麻生育的主要因素。其实，环境因素对芝麻生长发育的影响是互相联系、互相制约的，而且作用是综合的。在某个生育时期，一种环境因素可能是主要限制因子，而在另一时期，其他环境因素又可能上升为主要限制因子。在同一时期，一个因素的作用往往受另一个或几个因素的限制或促进。只有了解芝麻生长发育和环境因素的关系，才能正确选择最适宜的环境条件，充分利用芝麻的生态适应性，按照最佳生育指标要求，采取相应的栽培措施，调节芝麻的生长发育，最终实现安全高

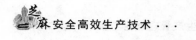

效生产。

一、温度

芝麻全生育期需要积温 2 500～3 000℃，生长发育的最适温度为 25～30℃，不同的生育阶段芝麻对温度的要求也不尽相同。在温度达 16℃以上时种子才能正常出苗，最适宜的温度为 20～30℃，低于 12℃或高于 45℃，种子不能萌发。幼苗期，芝麻生长发育对温度要求较高，适宜的温度范围为 17～30℃，低于 15℃，芝麻遭遇冷害，生长发育缓慢或停止生长，并且根系易腐烂，温度高于 33℃会对根系和下胚轴均造成伤害。现蕾期，芝麻生长适宜的温度范围为 25～30℃，低于 20℃，花蕾不能正常分化；而当温度高于 30℃，顶芽生长过快，侧芽生长受抑制，现蕾速度反而减慢。花蒴期为芝麻生长发育的生殖生长期，对温度的要求更为敏感，此期适宜的温度范围为 27～30℃，过高或过低都不利于开花，甚至引起花器的败育。当夜温处于 30℃以上时，许多芝麻品种在植株开花前即有不少花蕾脱落，特别是当气温高过 36℃时，花蕾大量脱落。

因此，夏芝麻的适播期应在 6 月初以前，这样刚好使各个生育时期处在最适宜的温度环境中，利于高产。如播种过晚，苗期刚好处在高温期，导致植株始蒴部位增高，发育成高腿苗，节间加长。而到花蒴期，高温阶段逐渐过去，生长速度减缓迫使提前封顶、结蒴少产量低。高温胁迫可造成叶绿素减少，净光合速率下降，对单株蒴数、单蒴粒数和千粒重均可造成影响，进而影响产量水平，因此夏芝麻还要抢时早播为芝麻生长创造适宜的温度条件。

二、水分

水分是芝麻赖以生存的重要因素之一，也是其生长发育过程中最关键、最敏感的因素。芝麻的需水量是其生长过程中叶片蒸腾和地面蒸发水量的总和。水分是芝麻植株的重要成分，它在芝麻生长发育过程中重要作用表现在：第一，水是光合作用的基本原料，芝麻体内许多合成、转化、分解过程常有水参与反应；第二，水是重要的溶剂，矿质元素的吸收和运转、代谢产物的输送，都需要在水溶液状态下才能进行；第三，水可以维持细胞的紧张度，从而保持植物固定的形态；第四，水有较大的比热和气化热，有利于芝麻体内的保温和散热。在芝麻生育期内，由于雨量分布不均，阶段性的干旱和渍涝害时常发生，严重影响芝麻的产量与品质。

芝麻不同生育阶段对水分需求量有较大差异（表2-4），从不同生育时期需水量来看，各水分处理均为：播种至出苗需水量最小；初花至终花需水量最高。播种至出苗占总需水量的2.89%～3.57%，最适为2.89%～3.28%；出苗至现蕾占总需水量的11.20%～12.66%，最适为12.30%～12.66%；现蕾至初花占总需水量的7.14%～8.31%，最适为7.70%～8.31%；初花至终花占总需水量的68.84%～72.49%，最适为68.84%～70.47%；终花至成熟占总需水量的4.88%～6.38%，最适为4.88%～5.59%。芝麻一生总需水量在1 641.60～6 308.25米³/公顷，最适土壤湿度为田间持水量的60%～80%，对应需水量为3 094.50～4 322.55米³/公顷，植株蒸腾量为694.95～2 873.10米³/公顷；渍水条件下，每立方米水生产籽粒干物质效率显著下降，在土壤水分含量为60%时，每立方米水生产籽粒干物质效率最高，为0.34～0.35千克籽粒。

表2-4 不同水分处理下芝麻耗水量

需水量	品种	生育时期	土壤含水量 100%	土壤含水量 80%	土壤含水量 60%	土壤含水量 40%
总需水量	豫芝4号	播种至成熟	6 308.25	4 322.55	3 275.25	1 754.40
(米³/公顷)	郑芝13号	播种至成熟	6 085.95	4 269.45	3 094.50	1 641.60
植株蒸腾量	豫芝4号	播种至成熟	2 873.10	1 890.30	1 524.15	762.60
(米³/公顷)	郑芝13号	播种至成熟	2 744.70	1 887.45	1 413.60	694.95
各生育期 蒸腾量 (米³/公顷)	豫芝4号	播种至出苗	225.00	124.95	107.55	52.50
		出苗至现蕾	706.80	547.20	412.65	206.40
		现蕾至初花	450.30	332.85	272.25	137.25
		初花至终花	4 558.65	2 975.70	2 308.20	1 254.15
		终花至成熟	367.50	241.80	174.60	104.10

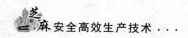

（续）

需水量	品种	生育时期	土壤含水量 100%	土壤含水量 80%	土壤含水量 60%	土壤含水量 40%
各生育期蒸腾量（米³/公顷）	郑芝13号	播种至出苗	190.05	132.45	100.05	49.95
		出苗至现蕾	693.00	531.45	380.55	201.45
		现蕾至初花	447.00	348.90	244.95	121.65
		初花至终花	4 367.70	2 974.05	2 243.10	1 189.35
		终花至成熟	388.20	232.35	150.90	91.80
各生育期蒸腾量占比（%）	豫芝4号	播种至出苗	3.57	2.89	3.28	2.99
		出苗至现蕾	11.20	12.66	12.60	11.77
		现蕾至初花	7.14	7.70	8.31	7.82
		初花至终花	72.26	68.84	70.47	71.48
		终花至成熟	5.83	5.59	5.33	5.94
	郑芝13号	播种至出苗	3.12	3.10	3.23	3.05
		出苗至现蕾	11.39	12.45	12.30	12.27
		现蕾至初花	7.35	8.17	7.92	7.41
		初花至终花	71.77	69.66	72.49	72.45
		终花至成熟	6.38	5.44	4.88	5.59

三、光照

芝麻是喜光作物，对光照较为敏感，生育过程中需要充足的光照，生育期日照时数需 600～700 小时。日照时数多少主要影响芝麻生育期间光合作用，间接影响产量，而 6—9 月雨日天数多少直接影响芝麻生育期间的光、温度、空气湿度以及土壤渍水状况，最终影响产量。总的来说，长日照条件下植株营养生长旺盛，植株枝繁叶茂、个体高大，而短日照条件下，促进生殖生长，开花结蒴，完成生育过程。当光照充足时，植株生长健壮，开花结蒴率高，单株产量高；相反，当光照不足时，植株徒长，开花结蒴少或不能正

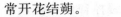

常开花结蒴。

四、土壤

芝麻对土壤的要求并不十分严格。无论是在黏土、壤土、沙土，还是砂姜黑土等，几乎所有土壤上都能种植芝麻。但是最适宜的则是壤土、沙质壤土或黏质壤土等土层深厚、结构良好、有机质含量较高、质地松软的土壤。芝麻对土壤酸碱度比较敏感，适宜芝麻生长的土壤酸碱度（pH）一般为 5.5～7.5，过酸、过碱的土壤均不宜种植芝麻。芝麻耐盐性较差，一般土壤（0～10厘米）的表层含盐量不能超过 0.3%，若超过 0.3%，植株即受到严重的抑制或死亡。在盐渍化的影响下，植株表现为矮小，叶色发黄，根系不发达，根部有瘤状物碱包，延迟成熟；盐害严重时，芝麻幼苗叶缘焦枯，根系变褐干枯死亡，生育中期植株萎缩枯黄，逐渐失去生机。南方新开垦的红壤，如若 pH 偏小达到5.5 以下，应先种几年甘薯、花生等作物使土壤得到改良后再开始种植芝麻。

五、营养元素

芝麻籽粒中含有丰富的脂肪和蛋白质，要形成这些物质，需要大量的养分。芝麻对于营养元素的需求类型属于全营养型。碳、氢、氧、氮、磷、钾、硫、钙、镁、铁、锰、硼、锌、铜、钼、氯等营养元素，无论在芝麻体内含量多少，对芝麻的生长发育都有不可代替的重要作用。

芝麻不同的生育期对养分的需求量与积累量也各不相同。在营养生长阶段及营养生长和生殖生长并进阶段，尽管各器官的养分含量较高，但积累量并不高。进入生殖生长阶段后，干物质积累量迅速增加，养分积累量也随之增加，至成熟期氮、磷、钙、镁的积累量达到最大值。河南省农业科学院芝麻研究中心采用^{15}N 示踪研究了芝麻氮素吸收与分配状况（表 2-5、表 2-6）。植株进入初花期，追施的肥料还未施入，主要依靠底施肥料和土壤中的氮素，从表 2-5 可以看出，在初花期，缓控释肥、普通尿素和含有 ^{15}N 同位素的尿素处理，植株全氮含量均随着底肥氮素施入量的降低而减少。从各处理植株全氮含量可以看出，随着施肥方式的改变和底肥施入量的减少，植株中全氮含量降低 6.71%、28.58% 和 40.05%。植株中的氮在各器官的分配为：根系占 8%～13%、茎秆 29%～35%、叶片 54%～62%。以普通尿素和含有 ^{15}N 的尿素作肥料时，均以 B1 处理的植株全氮含量最高，分别为 15.88 千克/公顷和 16.17 千克/公顷。不施底肥处理（B4）的植株全氮含量均较低，分别为 7.77 千克/公顷和 6.88 千克/公顷。当底肥和追肥比例为 2:1 时的植株氮素积累量最高，达到 12.58 千克/公顷，与其他三个处理之间差异达到显著水平，根、茎、叶中全氮的含量分别占植株全氮含量的 9.0%、48.78% 和 42.22%。芝麻植株的全氮积累量在成熟期达到最大值，从不同肥料类型看，施用尿素处理的植株总氮含量要高于施用缓控释肥处理，施用普通尿素的植株全氮含量为 47.10～82.87 千克/公顷，施用缓控释肥和含有 ^{15}N 同位素的尿素处理的植株全氮总量则有所下降（分别为 28.73～56.05 千克/公顷和 39.21～78.47 千克/公顷）。

表 2-6 结果表明，缓控释肥处理的成熟期植株全氮含量随着底肥施入量的减少，植株全氮总量明显降低。随着底肥施氮量的减少，植株全氮含量降低 24.5%、33.89%、48.75%，从不同器官全氮含量占植株总氮含量百分比来看，根系仅占 5% 左右，茎秆占 15% 左右，叶片占 18%～28%，蒴果皮占 14%～19%，籽粒全氮占 50% 以上。施用普通尿素作肥料和含有 ^{15}N 同位素的尿素作肥料处理时，均以底肥与追肥比例 2:1、底肥与追肥比例 1:2 的施肥方式植株总氮含量最高，分别达到 82.87 千克/公顷和 67.69 千克/公顷，均与一次性施氮和不施氮处理的差异达到显著或极显著水平，表明在生产中宜采用底肥、追肥分次施入的方式，以比例为 2:1 的施氮效果最佳。

表 2 - 5　初花期植株全氮含量及其在不同器官中的分配

处理	根中全氮含量（千克/公顷）	所占百分比（%）	茎中全氮含量（千克/公顷）	所占百分比（%）	叶中全氮含量（千克/公顷）	所占百分比（%）	植株中全氮含量（千克/公顷）
A1B1	1.22aA	9.20	4.15aA	31.29	7.89aA	59.50	13.26aA
A1B2	1.05bB	8.52	3.71 abA	29.98	7.61bAB	61.50	12.37aAB
A1B3	1.16bB	12.22	3.11bA	32.85	5.20bBC	54.93	9.47bB
A1B4	0.89bcBC	11.19	2.76bcAB	34.72	4.30cC	54.09	7.95bB
A2B1	1.23aA	7.78	2.65aA	16.70	11.99aA	75.53	15.88aA
A2B2	0.70aA	5.21	2.52abAB	18.62	10.30aA	76.17	13.52bAB
A2B3	1.18bB	10.63	2.29abAB	20.54	7.67abA	68.83	11.15cB
A2B4	0.46cB	5.92	1.88bB	24.21	5.43bA	69.87	7.77dC
A3B1	1.29bB	7.96	1.96bB	12.15	12.92aA	79.89	16.17aA
A3B2	1.87aA	11.72	2.85aB	17.87	11.23aA	70.42	15.95aA
A3B3	0.90cBC	10.87	1.21cC	14.61	6.19bB	74.52	8.30bB
A3B4	0.55dC	7.95	0.96cC	13.91	5.37bB	78.14	6.88bB
A4B1	0.84bB	8.97	3.03bB	32.41	5.47aA	58.62	9.34cBC
A4B2	1.13aA	9.0	6.14aA	48.78	5.31aA	42.22	12.58aA
A4B3	0.82bB	10.0	2.58bB	31.48	4.80aA	58.52	8.21cB
A4B4	0.67cB	6.08	5.80aA	52.88	4.50aA	41.04	10.97bAB

注：A1 为缓控释肥，A2 为普通尿素，A3 为^{15}N 同位素，B1—B4 为不同的施肥方式。下同。

表2-6 成熟期植株全氮含量及其在各器官中的分配

处理	根系全氮含量(千克/公顷)	所占百分比(%)	茎秆全氮含量(千克/公顷)	所占百分比(%)	叶片全氮含量(千克/公顷)	所占百分比(%)	蒴皮全氮含量(千克/公顷)	所占百分比(%)	籽粒全氮含量(千克/公顷)	所占百分比(%)	植株全氮总量(千克/公顷)
A1B1	2.891aA	5.16	7.919aA	14.13	12.489aA	22.28	8.019aA	14.31	32.756aA	58.43	56.055aA
A1B2	2.516aA	5.95	6.492abA	15.35	11.247bA	26.59	7.727abA	18.27	22.046bB	52.12	42.296bB
A1B3	1.928bB	5.2	5.960abA	16.08	10.127bA	27.32	6.398bcAB	17.26	19.046bB	51.39	37.061bcB
A1B4	1.427cB	4.97	4.271bA	14.86	5.412cB	18.84	5.327bA	18.54	17.625bB	61.35	28.730cB
A2B1	2.799cBC	5.94	6.477bA	13.75	11.732cB	24.91	5.718bA	12.14	26.085bcAB	55.39	47.096bB
A2B2	3.999aA	4.83	12.039aA	14.53	27.041aA	32.63	6.968abA	8.41	41.291aA	49.83	82.865aA
A2B3	3.354bAB	4.95	8.804abA	13.01	19.610bAB	28.97	6.968abA	10.29	35.925abAB	53.07	67.691aAB
A2B4	2.258dC	4.62	7.644abA	15.65	18.263bcAB	37.38	8.349aA	17.09	20.685cB	42.34	48.851bB
A3B1	2.865cB	7.31	5.786bC	14.76	10.539cC	26.88	5.511bB	14.06	20.021cB	51.07	39.206cC
A3B2	4.292aA	5.47	12.039aA	15.34	25.823aA	32.91	15.437aA	19.67	36.320aA	46.29	78.465aA
A3B3	3.639bAB	5.99	11.088aaAB	18.24	17.717aA	29.15	7.776bB	12.79	28.335bAB	46.62	60.776bB
A3B4	2.928cB	6.31	7.398bBC	15.95	13.056bB	28.15	6.737bB	14.52	23.006bcB	49.60	46.385cC
A4B1	2.495bB	5.86	9.086bA	21.36	17.091bA	40.17	4.341cB	10.20	13.875cB	32.61	42.545cC
A4B2	3.320aA	5.06	9.693abA	14.78	21.872aA	33.36	9.162aA	13.97	30.686aA	46.80	65.570aA
A4B3	3.320aA	7.10	11.019aA	23.56	16.155bA	34.54	5.565bcAB	11.90	16.925bcB	36.19	46.766cBC
A4B4	3.512aA	6.62	9.569abA	18.05	18.023abA	34.00	7.244abAB	13.66	21.905bAB	41.32	53.010bB

六、种植制度

芝麻喜生茬、怕重茬。轮作倒茬是芝麻安全高效生产的一项关键措施，连作幼株（苗）生长衰弱，植株矮化节间缩短，叶片小，根系发育不良，易染腐烂病，抗逆性低。连作导致芝麻农艺性状和产量性状降低，品质下降，连作年限越长，农艺性状和产量性状下降幅度越大。

连作导致芝麻减产的主要原因有以下几个方面：

（1）连作造成土壤养分失衡　长期连作，土壤养分平衡被打破，不能满足芝麻正常生长发育所需的营养，从而影响芝麻的正常生长发育。芝麻根系在发育过程中，会分泌一些有机酸，降低了土壤酶活性，改变了土壤质地，致使土壤正常的养分释放功能逐渐丧失，供养能力下降。

（2）连作导致土壤微生物菌群失调　随着土壤连作年限的增加，土壤中微生物菌群比例失调，真菌所占比例大幅增加，而细菌和放线菌的比例下降，使细菌型土壤向真菌型土壤转化，造成土壤肥力衰竭。

（3）连作导致病虫危害加重　病虫害等只有在环境条件合适的情况下才能发生传播，造成危害。连作会给芝麻上常发生的病虫害，如茎点枯病、枯萎病、根腐病、立枯病、地老虎等创造了适宜的生存环境，导致其大量发生，连作年限越长，病虫害积累越多，危害越严重。

第四节　芝麻高效生产管理技术

一、备播

（一）选地与整地

芝麻喜温怕渍，特别对渍害、大风的抵抗能力较差。因此，应选择土质优良、地势高燥、质地疏松、通气透水性能较好、不重茬（3年或3年以上没有种过芝麻）的沙壤土和壤土。砂姜黑土地最为适宜。芝麻的种子小，贮藏养分不多，幼芽细嫩，顶土力弱，幼苗出土比较困难。因此，芝麻发芽出苗对整地的质量要求较高。种植芝麻的地块必须要精耕细耙，耕层深厚，土壤细碎，上虚下实，地面平整，做到旱能浇、涝能排。夏芝麻生育期短，抢时播种是高产的关键，特别是麦茬芝麻整地时间短，通常整地不需要深耕，以15～30厘米为宜。如果过深，不但会翻上生土，而且犁垡不能耙碎、耙实，易跑底墒，对出苗不利。在整地过程中，应注意抗旱排涝、增施底肥。①抗旱排涝技术：整地后应根据地势、地形，用犁开沟作厢，厢宽5～10米，沟深0.2～0.23米，沟宽0.27～0.33米，每隔10～15米做一厢沟，地块超过50米的要增挖腰沟，使厢沟、腰沟、地外排水沟相通。排渍方便，使雨天明水能排，暴雨后田面基本无明水；暗水能控，旱天能浇。②施足底肥：结合整地，一般每公顷施肥量为三元复合肥450～750千克，高产则需1 125千克；或施用农家肥（腐熟农家肥、土杂肥4.5吨/公顷），或碳酸氢铵600千克、过磷酸钙750千克作底肥。在多病及地下害虫多发区，还可撒入多菌灵等粉剂7.5～22.5千克/公顷。苗期（定苗前后）施尿素105～120千克/公顷。夏芝麻在小麦收获后如遇降雨，建议抢时抢墒免耕直播，出苗后，根据苗情进行追肥。

（二）选择优良品种

在生产上应用的芝麻品种，应符合当地经济发展，能适应当地的生态环境，满足生产发展的需要。在品种选择上，必须避免片面求新、求奇，应遵循以下基本原则：①依据品种适应的生态条件，选择适应本区域生态气候条件的审（鉴）定品种。如果从外区域引进品种，切不可盲目种植，应进行1年以上的观察试验，确认该品种适合该区域生产条件，方可推广应用。②依据当地种植制度和生产条件，因地制宜选择品种。如肥力水平高、生产条件好的地区可选用高产潜力的品种；如土壤瘠薄、生产条件差的地区，可选用耐瘠抗旱品种；如连年重茬种植，可选用抗病耐渍性强的品种。③依据农时，科学选用品种。由于年份间气候变化，播期和播种时的生产情况也不完全相同，如果播期推迟可选用适当早熟的品种。现将

目前我国在生产上大面积推广的芝麻育成品种及其特征特性简述如下:

1. 豫芝 4 号 豫芝 4 号芝麻新品种是河南省驻马店地区农业科学院 1978 年用宜阳白作母本、驻芝一号作父本杂交选育而成。河南省品种审定委员会于 1989 年命名为豫芝 4 号,陕西省 1989 年审定命名为引芝一号。该品种属单秆型,叶腋 3 蒴,蒴果 4 棱,蒴长中等,花白色,千粒重 3.15 克,含油量 55.91%,蛋白质含量 24.79%。

豫芝 4 号一般生育期 88～93 天,适应性较广泛,但最适于长江以北各芝麻主产区和长江以南的南京、钟祥等地。

2. 豫芝 11 号 豫芝 11 号是河南省农业科学院芝麻研究中心 1991 年从多元病圃的对照品种豫芝 4 号中发现天然优良变异单株,经连续系统选择和试验育成。1999 年通过河南省农作物品种审定委员会审定命名,2002 年通过国家农作物品种审定委员会审定。该品种夏播一般每亩产量 75 千克左右,高者达 180 千克。该品种属单秆型,株高一般 160 厘米左右,丰产条件下达 180 厘米以上;茎秆弹性好,不倒伏,叶色深绿,花冠白红色,基部微红;叶腋 3 蒴,单株成蒴数 87～100 个,蒴果 4 棱,蒴长中等,蒴粒数 60 粒左右;种子呈卵圆形,种皮纯白,千粒重 3.0 克左右,种子含油量 56.66%左右。

豫芝 11 号生育期 86～92 天。高抗叶斑病、枯萎病和茎点枯病,耐渍、耐旱。适宜种植范围为河南、湖北、安徽、河北等省春、夏播芝麻主产区。

3. 郑芝 98N09 郑芝 98N09 是河南省农业科学院芝麻研究中心利用杂交育种与诱变育种相结合的方法,经多年系谱选择而成的优质高蛋白食用型芝麻新品种。2004 年通过国家农作物品种鉴定委员会鉴定。该品种属单秆型,植株高大,茎秆粗壮,一般株高 150～180 厘米,高产条件下可达 2 米以上,果轴长度 102.28 厘米;叶腋 3 花,花白色,基部微红;蒴果 4 棱,单株成蒴数 78 个,高产条件下可达 150 个以上;籽粒纯白,籽大皮薄,千粒重 3 克左右，粗脂肪含量 54.83%，粗蛋白含量 24.00%，适宜外贸出口；茎点枯病病情指数为 8.70，枯萎病病情指数为 3.50，抗旱耐渍害性强。

郑芝 98N09 全生育期 86 天，属中早熟品种；适应黄淮、江淮流域生态环境，适合在我国芝麻主产区河南、安徽、湖北、江西、河北、山西、陕西及新疆等省份推广种植。

4. 郑杂芝 3 号　郑杂芝 3 号是河南省农业科学院芝麻研究中心通过群体改良选育的优质、高产、多抗强优势芝麻杂交种。2004—2006 年参加河南省芝麻区域试验及生产试验，2007 年通过河南省农作物品种审定委员会鉴定，属优质、高产、高抗芝麻杂交种。该品种属单秆型，植株高大，茎秆粗壮，韧性较好，株型紧凑，一般株高 162～175 厘米；叶腋 3 花，蒴果 4 棱，花期 35～45 天；成熟时微裂；籽粒纯白，千粒重 2.8～3.0 克，脂肪含量 56.04%，蛋白质含量 20.77%，香味浓厚，感官品质较好；茎点枯病病情指数为 2.69，枯萎病病情指数为 3.32，抗旱耐渍害性强。

郑杂芝 3 号全生育期 87 天，属中早熟品种；出苗快，苗期生长健壮，适应黄淮、江淮流域生态环境，适合在我国芝麻主产区河南、安徽、湖北、江西、河北、山西、陕西及新疆等省份推广种植。

5. 郑芝 13 号　郑芝 13 号（原名为郑芝 04C85）是由河南省农业科学院芝麻研究中心利用有性杂交、混合系谱法选择，结合多元病圃筛选，并在多点联合鉴定的基础上，选育出的优质、高产、稳产、高抗白芝麻新品种。2009 年通过河南省品种鉴定委员会鉴定。该品种为单秆型品种，叶色浓绿，叶片对生，基部叶片为长卵圆形，有缺刻，中上部叶片为披针形；茎秆粗壮，韧性较好，茎上茸毛较多；株型紧凑，株高 150～180 厘米，高产条件下可达到 190 厘米以上；果轴长，节间短，花期 30～40 天，单株蒴数 82 个；花冠白色，叶腋 3 花；蒴果 4 棱、中长蒴，蒴粒数 62 粒，成熟时微裂；千粒重 2.9 克，粗脂肪含量 56.96%，粗蛋白质含量

20.92%；茎点枯病病情指数 4.92，枯萎病病情指数 4.70，高抗茎点枯病和枯萎病，且耐渍、抗倒伏能力也较强。

郑芝 13 号全生育期 87 天左右，属中早熟品种，适合在河南省和邻近省份芝麻产区种植。

6. 郑黑芝 1 号　郑黑芝 1 号是河南省农业科学院芝麻研究中心利用杂交育种方法育成的集优质高产抗病于一体的黑芝麻新品种。2007 年通过河南省农作物品种审定委员会鉴定。郑黑芝 1 号属单秆型品种，一般无分枝。苗期生长健壮，发育速度快，株型紧凑，适宜密植；植株高大，一般株高 150～180 厘米，高产条件下可达 200 厘米以上，茎色绿色，茎秆粗壮，茎上茸毛稀少；叶色浓绿，中下部叶片长椭圆形，有缺刻，上部叶片呈柳叶形，无缺刻；叶腋 3 花，花色白色，花期 35 天左右；蒴果 4 棱，蒴果肥大，蒴长 3.10 厘米左右；成熟时蒴果微裂；籽粒亮黑色，单壳，不脱皮，千粒重 2.555 克，粗脂肪含量 51.65%，粗蛋白质含量 22.36%；茎点枯病病情指数为 4.69，枯萎病病情指数为 2.30，抗病性强，耐旱性好，抗倒伏性强。

郑黑芝 1 号全生育期 85～91 天，属中早熟品种；对河南及邻近地区具有广泛的适应性，适合在黄淮流域推广种植。

7. 郑太芝 1 号　郑太芝 1 号是河南省农业科学院芝麻研究中心利用杂交育种、空间育种相结合，通过多代系谱选择而成的高产、优质芝麻新品种。2014 年通过安徽省非主要农作物品种鉴定登记委员会鉴定。该品种增产潜力大，2011—2013 年参加大区品系鉴定试验、安徽省区域试验和生产试验，平均亩产 99.93 千克，较对照豫芝 4 号增产 20.76%，均居试验首位；籽粒纯白，纹路较轻，粗脂肪含量 57.49%，粗蛋白质含量 17.49%，属高油优质芝麻品种，且耐渍、耐旱、抗倒性强，茎点枯病发病率 4.0%。

郑太芝 1 号全生育期 83～87 天，属中早熟品种；适合在黄淮、江淮芝麻主产区，即在河南及邻近省份安徽、湖北、山东等芝麻主产区推广种植。

8. 郑太芝 3 号　郑太芝 3 号是河南省农业科学院芝麻研究中心利用杂交育种、空间育种相结合，通过多代系谱选择而成的高产、优质芝麻新品种。亲本组合为豫芝 11 号×项城大籽白。2018年通过安徽省非主要农作物品种鉴定登记委员会鉴定。该品种2017 年参加大区品系鉴定试验。2018 年安徽省区域试验 3 个点，平均产量 101.2 千克/亩，较对照豫芝 4 号增产 16.0%。品质优良，粗脂肪含量 56.42%，蛋白质含量 20.31%，属油食两用型品种。郑太芝 3 号高抗枯萎病（发病率为 0）、病毒病（发病率为 0）和茎点枯病（病情指数为 2.85），抗旱、耐渍性好，抗倒伏性强。属单秆型品种，一般无分枝。苗期生长健壮，发育速度快，株型紧凑，适宜密植；植株较高，一般株高 150～170 厘米，高产条件下可达 180 厘米以上；叶腋 3 花，花色白色，蒴果 4 棱，千粒重3.05 克。

郑太芝 3 号全生育期 89.7 天，属中早熟品种，适合在安徽、河南、湖北等省份种植。

9. 郑太芝 4 号　郑太芝 4 号是河南省农业科学院芝麻研究中心利用杂交育种、空间育种相结合，通过多代系谱选择而成的高产、优质芝麻新品种。2021 年通过河南省非主要农作物品种鉴定委员会鉴定。该品种增产潜力大，2018—2019 年参加黄淮区芝麻新品种区域试验和生产试验，平均亩产 106.98 千克，较对照豫芝4 号增产 11.21%，均居试验首位；籽粒纯白，纹路较轻，粗脂肪含量 53.55%，粗蛋白质含量 21.20%，属油食两用型芝麻新品种，且中抗倒伏，耐渍和耐旱性强，高抗枯萎病。

郑太芝 4 号全生育期 85 天左右，属中早熟品种；适合在黄淮、江淮芝麻主产区，即在河南及邻近省份安徽、湖北等芝麻主产区推广种植。

10. 郑芝 HL05　郑芝 HL05 是河南省农业科学院芝麻研究中心配制双交组合，而后经多代系统选择育成，其杂交亲本为豫芝4 号×（缅甸小山芝麻×印度 TMV - 4）。2018 年通过安徽省非主要农作物品种鉴定委员会鉴定登记，2020 年获得国家新品种权保护。单秆，茎秆粗壮，茸毛量中等；叶腋 3 花，花冠紫色；蒴果 4 棱，中等大小；叶色深绿，基部叶片卵圆，有缺刻，中上部叶片柳叶形；现蕾早、开花集中、结蒴密；成熟时茎秆、蒴果微黄；籽粒纯黑，千粒重 2.8 克左右。

郑芝 HL05 夏播生育期 85 天，属中早熟品种，适合在黄淮、江淮流域芝麻产区种植。

11. 中芝杂 1 号 中芝杂 1 号是中国农业科学院油料作物研究所育成的杂交芝麻品种，亲本组合是 95ms－5×驻 92701。2004—2005 年参加湖北省芝麻品种区域试验，2007 年通过湖北省品种审（认）定。该品种属单秆型，株高中等偏高，一般为 160 厘米左右；茎色绿，茎秆（及蒴果）茸毛量中等，成熟时为青黄色；叶色深绿，花白色，叶腋 3 花；结蒴较密，单株蒴果数一般 80～100 个，多可达 200 个以上；蒴果中等大小，4 棱；蒴粒数较多，每蒴 70～75 粒；种皮白色，千粒重 2.8～3.0 克，光滑；耐渍性、抗旱性较强；2004—2005 年湖北省区试中，茎点枯病和枯萎病抗性均比对照强；粗脂肪含量 56.38%，粗蛋白含量 20.01%；籽粒较大，种皮纯白，外观品质较好。

12. 中芝 14 号 中芝 14 号是中国农业科学院油料作物研究所以有性杂交方式育成的白芝麻新品种，具有高产、稳产、抗（耐）病性强、品质优的特点。2006 年通过湖北省农作物品种审定委员会审定。该品种属单秆型，植株高度一般为 160 厘米左右；茎秆粗壮、绿色，茎秆及蒴果茸毛中等，成熟时为青黄色；叶绿色，叶片中等大小；叶腋 3 花，花白色；始蒴部位 40～60 厘米，结蒴较密；单株蒴果数一般 80～100 个，多的可达 200 个以上；蒴果 4 棱，每蒴 65～70 粒，蒴中等大小；种皮白色、光滑、无网纹，千粒重 2.8～3.0 克，外观品质较好；粗脂肪含量 57.50%、粗蛋白质含量 19.26%，品质较好；对茎点枯病抗性较强。

中芝 14 号全生育期一般 90～95 天，适合在湖北、河南、安徽等芝麻主产省及以南地区种植。

13. 中芝 15 号 中芝 15 号是中国农业科学院油料作物研究所

用豫芝 4 号作母本、安徽宿州地方芝麻品种（国家芝麻种质库编号 ZZM3604）作父本杂交，经系谱法选择育成的品种。2010 年通过湖北省农作物品种审定委员会审定。该品种属单秆型，叶腋 3 花、蒴 4 棱；株高中等，生长势较强，茸毛量中等；茎绿色，成熟时呈黄绿色；下部叶片阔椭圆形，中上部叶片披针形，叶色淡绿；花白色；蒴果较大，成熟时呈黄绿色；种皮白色，籽粒较大；品种比较试验中株高 162.5 厘米，始蒴部位 54.5 厘米，主茎果轴长 103.2 厘米，单株蒴果数 85.9 个，每蒴粒数 60.8 粒，千粒重 2.77 克，粗脂肪含量 58.87%，粗蛋白含量 18.76%；茎点枯病病情指数 3.65，枯萎病病情指数 2.33。

中芝 15 号全生育期 91.5 天，适合在湖北省芝麻产区种植。

14. 中芝 16 号 中芝 16 号是中国农业科学院油料作物研究所以豫芝 8 号为亲本种子经太空环境诱变和地面系统选育而成。2010 年通过江苏省农作物鉴定委员会鉴定。该品种属单秆型，茎秆粗壮，株高一般 160～170 厘米，生长条件好时可达 190 厘米以上；叶片绿色，叶腋 3 花，花冠白色；蒴果 4 棱、较大，成熟时落黄好，种皮颜色纯白；千粒重 2.8 克左右，含油率 59.3%，蛋白质含量 17.8%；中抗枯萎病；茎点枯病发病率 10%、发病指数 6；耐湿性较强，抗倒性强。

中芝 16 号全生育期 90 天左右，适合在江苏、湖北、安徽南部、河南南部、湖南、江西等芝麻产区种植。

15. 中芝 17 号 中芝 17 号是中国农业科学院油料作物研究所以国家芝麻种质库品种（编号 ZZM3414）×中芝 10 号杂交后经系统选育而成。2010 年通过江苏省农作物鉴定委员会鉴定。该品种属单秆型，茎秆粗壮，株高一般 160～170 厘米，生长条件好时可达 200 厘米以上；叶腋 3 花，花冠白色，叶片黄绿色；蒴果 4 棱、肥大，成熟时茎果呈黄色，落黄好；含油量 56.4%，蛋白质含量 19.8%；较抗枯萎病和茎点枯病，耐渍、抗倒性较强。

中芝 17 号全生育期 88 天左右，适合在江苏、江西、湖北、安徽南部、河南南部、湖南等芝麻产区种植。

16. 中芝 18 号 中芝 18 号是中国农业科学院油料作物研究所选育的芝麻新品种。2011 年通过了湖北省农作物品种审定委员会审定。该品种属单秆型，叶腋 3 花、蒴果 4 棱；植株较高，生长势较强；茎秆、叶柄、蒴果茸毛量中等；茎绿色，成熟时呈青黄色；种皮白色、光滑，籽粒较大；始蒴部位 59.5 厘米，主茎果轴长 99.9 厘米，单株蒴果数 84.5 个，每蒴粒数 61.3 粒，千粒重 2.73 克；籽粒粗脂肪含量 56.83%、粗蛋白质含量 19.89%。

中芝 18 号生育期 90 天，适合在湖北省芝麻产区种植。

17. 中芝 20 号 中芝 20 号是中国农业科学院油料作物研究所以中芝 11 号×安徽宿州芝麻品种（ZZM3604）杂交选育而成。该品种属单秆型，一般株高 169.9 厘米，白花白粒，果轴长 94 厘米；单株蒴果数 90 个，每蒴粒数 63 粒；单株产量 13.17 克，千粒重 2.97 克；生长势强，生长整齐；平均每亩产量 91.4 千克，抗逆性较好。

中芝 20 号全生育期 89.7 天，适合在安徽、湖北、河南南部、江西、湖南等芝麻产区种植。

18. 中芝 21 号 中芝 21 号是中国农业科学院油料作物研究所以 99 - 2188［宜阳白×湖北竹山白芝麻（国家芝麻种质库编号为 ZZM2541）F4］作母本、陕西扶风芝麻（国家芝麻种质库编号为 ZZM3353）作父本杂交，经系谱法选择育成的芝麻品种。2012 年通过湖北省农作物品种审定委员会审定。该品种属单秆型芝麻品种，叶腋 3 花、蒴果 4 棱；植株较高，株型紧凑，生长势较强，茎秆粗壮，茸毛量中等，成熟时茎秆颜色偏绿，基部有紫斑；叶色偏深绿，花冠白色；蒴果中等大小；籽粒中等大小，长椭圆形，种皮颜色纯白；品比试验中株高 165.8 厘米，始蒴部位 56.9 厘米，空梢尖长度 6.7 厘米，主茎果轴长度 102.2 厘米，单株蒴数 90.8 个，每蒴粒数 67.1 粒，千粒重 2.60 克；田间茎点枯病病情指数 6.95，枯萎病病情指数 1.10。

中芝 21 号全生育期 89.3 天，适合在湖北省芝麻产区种植。

19. 中芝 22 号 中芝 22 号是中国农业科学院油料作物研究

所、武汉中油科技新产业有限公司以中芝10号作母本、鄂芝1号作父本杂交，经系谱法选择育成的芝麻品种。2012年通过湖北省农作物品种审定委员会审定。该品种属单秆型，叶腋3花、蒴果4棱；植株较高，茎秆绿色，茸毛量中等，成熟时为青黄色；叶色绿，叶片中等大小，偏窄，上部为披针形，中部叶片为椭圆形；花白色，蒴果中等大小，种皮白色、光滑，籽粒较大；品种比较试验中株高163.3厘米，始蒴部位55.9厘米，空梢尖长度5.5厘米，主茎果轴长度102.0厘米，单株蒴数92.1个，每蒴粒数63.3粒，千粒重2.74克；田间茎点枯病病情指数4.27，枯萎病病情指数0.91，抗（耐）病性与鄂芝2号相当。

中芝22号全生育期90.1天，适合在湖北省芝麻产区种植。

20. 中芝26号 中芝26号由中国农业科学院油料作物研究所选育，2015年通过湖北省农作物品种审定委员会审定。两年平均亩产73.21千克，比对照鄂芝2号增产8.92%；含油量56.15%，粗蛋白含量19.87%。属单秆型，叶腋3花、蒴果4棱；株型较紧凑，株高中等，茎秆茸毛量中等，成熟时茎秆绿色，基部有紫斑；叶片中等大小、深绿色；花冠粉色；蒴果中等大小，籽粒中等大小，种皮白色；株高166.1厘米，始蒴部位57.1厘米，空梢尖长度5.5厘米，主茎果轴长度103.5厘米；单株蒴数91.7个，每蒴粒数65.4粒，千粒重2.68克；田间茎点枯病病情指数8.11，枯萎病病情指数1.80，抗（耐）病性与鄂芝2号相当。

中芝26号生育期90.8天，比鄂芝2号长0.5天，适合在湖北省芝麻产区种植。

21. 晋芝4号 晋芝4号是由山西省农业科学院经济作物研究所培育的早熟、高产、优质、抗病、抗旱白芝麻品种，2007年通过山西省品种审定委员会审定。该品种幼苗绿色，叶色浅绿，叶片较窄；有少量分枝，生长势较强；主茎高141.7厘米，叶腋3花，蒴果4棱；单株蒴果数69个，籽粒卵圆形，种皮白色，千粒重2.8克；春播生育期120天左右，夏播生育期90天左右，田间抗倒性好；富含亚油酸（44.2%）、粗脂肪（57%）、粗蛋白

（20.66％），既可作油用型又可作食用型品种。

晋芝 4 号适合在无霜期 150 天以上的地区春播；沙壤土质最好，沙土、黏土也可；最好在有灌溉条件的地区种植，也有的农户春季下雨后种植长势良好。

22. 晋芝 6 号　晋芝 6 号是山西省农业科学院小麦研究所采用有性杂交系谱法选择，经多年综合抗性鉴定和品质检测培育而成的优良新品种，2010 年通过山西省农作物品种审定委员会审定。该品种为单秆型品种，叶腋 3 花、蒴果 4 棱，千粒重 2.5～2.8 克，蛋白质含量 22.86％，粗脂肪含量 54.22％，油酸含量 45.4％，亚油酸含量 40.5％，亚麻酸含量 0.5％；枯萎病发病率 5.42％，茎点枯病发病率 2.94％，叶斑病发病率 11.31％。

晋芝 6 号属中早熟品种，在山西省南部种植，春播生育期 120 天，夏播生育期 95 天，适合在山西省及相同生态区种植。

23. 汾芝 2 号　汾芝 2 号是由山西省农业科学院经济作物研究所培育的早熟、高产、优质、抗旱白芝麻品种，2009 年通过国家品种审定委员会审定。该品种为单秆型，叶腋 3 花、蒴果 4 棱；植株较高大，为 145 厘米左右，最高可达 160 厘米以上；茎秆基部和顶部为圆形，中上部为方形；茎色绿，茎秆（及蒴果）茸毛中等，成熟时为黄色；植株叶色绿，叶片中等大小，花淡紫色；主茎果轴长度 100 厘米左右，单株蒴数 90 个左右，每蒴粒数 70 粒左右，千粒重 2.9 克左右；茎点枯病发病率和病情指数分别为 34.57％和 12.73，枯萎病发病率和病情指数分别为 24.39％和 10.87。

汾芝 2 号全生育期 99 天，适合在无霜期 150 天以上的地区春播，为麦茬、油菜茬夏播。

24. 汾芝 10 号　汾芝 10 号是山西省农业科学院经济作物研究通过杂交选育的芝麻新品种，亲本组合为 g69、汾芝 2 号，2019 年通过全国农业技术推广服务中心组织的鉴定。该品种粗脂肪含量 53.9％，蛋白质含量 22.2％；属单秆型，无限花絮，叶腋叶 3 花、蒴果 4 棱；叶片绿色，花色浅紫，茎秆茸毛量少而长；株高 150 厘米左右，始蒴节位第 4 个，始蒴部位 32 厘米左右，果轴长度 105

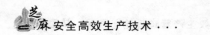

厘米，籽粒白色；单株蒴果数约 111 个，每蒴粒数 64 粒左右，千粒质量 3 克左右。

汾芝 10 号全生育期春播 110 天左右，复播区 85 天左右，适合在我国西北、东北、华北、黄淮区种植。

25. 皖芝 1 号　皖芝 1 号是安徽省农业科学院培育的白芝麻品种，2006 年通过安徽省非主要农作物品种鉴定登记委员会鉴定。该品种属单秆型，茎秆粗壮抗倒，株高 160 厘米左右，始蒴部位低；叶绿色，白花，叶腋 3 花、蒴果 4 棱，结蒴较密，栽培条件较好时，部分单株出现 4～6 花；每蒴粒数 65 粒，千粒重 3.0 克左右，种皮白色；较抗枯萎病和茎点枯病。

皖芝 1 号夏播全生育期 90 天左右，成熟时下部蒴果不炸裂，适合在安徽等地种植。

26. 皖芝 2 号　皖芝 2 号是安徽省农业科学院培育的白芝麻品种，2008 年通过安徽省非主要农作物品种鉴定登记委员会鉴定。该品种为单秆型，株高 160 厘米左右；叶绿色，白花白粒，叶腋 3 花、蒴果 4 棱，结蒴较密，栽培条件较好时，部分单株出现一叶 4～6 蒴；据 2007 年安徽省芝麻新品种区域试验合肥点结果，皖芝 2 号始蒴部位 48.0 厘米，主茎果轴长 96.9 厘米，全株蒴果数 72.9 个，每蒴粒数 68 粒，千粒重 3.02 克；皖芝 2 号生长势、抗病耐渍性较强，开花较早、花期集中、花量大，生育期 88 天左右；皖芝 2 号粗脂肪含量 55.0%，粗蛋白质含量 19.5%，适合制油加工。

皖芝 2 号夏播全生育期 90 天左右，成熟时下部蒴果不炸裂，适合在安徽及周边地区种植。

27. 皖杂芝 1 号　皖杂芝 1 号是安徽省农业科学院培育的杂交芝麻新品种，2006 年通过安徽省非主要农作物品种鉴定登记委员会鉴定。该品种株型挺拔俊秀，属单秆型，茎秆粗壮抗倒，一般株高 160 厘米左右，始蒴部位低；叶绿色，白花，叶腋 3 花、蒴果 4 棱，结蒴较密，栽培条件较好时，部分单株出现少数分枝和一叶 4～6 花，单株蒴果数 80～90 个；每蒴粒数 65～70 粒，千粒重

3.3 克左右，种皮白色；较抗枯萎病和茎点枯病。

28. 漯芝 15 号 漯芝 15 号是漯河市农业科学院以系统育种法从豫芝 4 号中选出的优良变异单株，2007 年通过河南省农作物品种审定委员会审定。该品种属单秆型白芝麻品种，含油率高，种皮洁白干净，商品性好；耐渍抗旱，抗倒抗病，丰产稳产性好；叶腋 3 花或多花，蒴果 4 棱；千粒重 2.513 克，生育期为 88.4 天；含油率 57.46%，蛋白质含量 18.63%，符合国家优质标准；茎点枯病、枯萎病病株率分别为 9.1%、6.1%，病情指数分别为 8.73、10.39，属抗病品种。

29. 漯芝 18 号 漯芝 18 号是漯河市农业科学研究所选育出的优质、高产稳产、多抗、早熟芝麻新品种，2005 年通过国家农作物新品种鉴定。该品种属单秆型，叶腋 3 花、蒴果 4 棱，个别有多棱现象；一般栽培条件下株高 160~175 厘米；茎点枯病、枯萎病、病毒病、叶斑病病情指数分别为 3.62、3.42、0.80、2.21，属抗病型品种；含油率 58.32%，蛋白质含量 18.97%；籽粒纯白洁净，口味纯正，商品性较好，适宜出口。

漯芝 18 号夏播生育期 83 天左右，适合在河南全省、安徽、湖北等芝麻产区推广应用。

30. 漯芝 19 号 漯芝 19 号是漯河市农业科学院以豫芝 8 号为母本、漯芝 12 号为父本杂交经过分离系统选育而成，2009 年通过河南省农作物品种审定委员会审定。该品种属单秆型，叶腋 3 花、蒴果 4 棱，一般条件下株高 160~190 厘米；含油率 58.28%，粗蛋白含量 18.72%，属高油品种；枯萎病病情指数为 3~4，茎点枯病病情指数为 6~10，属抗病品种。

漯芝 19 号夏播全生育期 88 天左右，熟相好、不早衰，广泛适应河南省及周边地区春夏播芝麻生产的需要。

31. 驻芝 16 号 驻芝 16 号是驻马店市农业科学研究所以驻 044 为母本、驻 9106 优系为父本，经有性杂交、多元病圃多年鉴定、高代鉴定选育而成的芝麻新品种，2009 年通过河南省芝麻品种鉴定委员会鉴定。该品种属单秆型，一般株高 160~180 厘米，高产条件下可达 200 厘米以上；始蒴部位一般为 50 厘米左右，黄梢尖 5 厘米左右，蒴果 4 棱，千粒重 2.7～3.2 克；脂肪含量 58.40%，蛋白质含量 17.18%；茎点枯病病情指数为 5.16，枯萎病病情指数为 2.83。

驻芝 16 号全生育期约 90 天，属中早熟品种。

32. 驻芝 18 号　驻芝 18 号（原名驻 122）是驻马店市农业科学院以驻 893 为母本、驻 7801 优系为父本，通过有性杂交选育而成的芝麻新品种，2009 年通过全国芝麻品种鉴定委员会鉴定。该品种属单秆型，叶腋 3 花，花白色；蒴果 4 棱，始蒴部位43 厘米左右，千粒重 3 克左右；含油量 57.89%，蛋白质含量 19.28%，属高油类型；茎点枯病病情指数为 6.53，枯萎病病情指数为 1.68。

驻芝 18 号夏播全生育期 84～90 天，早播生育期会适当延长。经试验、示范，驻芝 18 号适合在河南、湖北、安徽、江西、陕西等芝麻主产区种植。

33. 驻芝 19 号　驻芝 19 号（原名驻 0019）是驻马店市农业科学院以驻 975 为母本、驻 99141 优系为父本，通过有性杂交、多元病圃多年鉴定、高代鉴定选育而成的芝麻新品种，2011 年通过全国芝麻品种鉴定委员会鉴定。该属单秆型，一般株高 140～170 厘米；始蒴部位为 50 厘米左右，黄梢尖长 4 厘米，花色为白色，蒴果四棱，千粒重 2.8～3.12 克，全生育期 83.5 天；含油量 56.20%，蛋白质含量 20.96%。

34. 辽品芝 1 号　辽品芝 1 号是辽宁省经济作物研究所从辽芝 1 号品种中经系统选育而成，2004 年通过辽宁省农作物品种审定委员会审定。该品种属单秆型品种，平均株高 150 厘米，叶腋 3 花、蒴果 4 棱，千粒重 3.2 克，适于春播。

全生育期 110 天，适合在辽宁省各地区种植以及华北、吉林等地种植。

35. 辽品芝 2 号　辽品芝 2 号芝麻是以辽宁省经济作物研究所种质资源库保存的芝麻品种资源/8605－10 变异株经过系统选育而

成，2007 年通过辽宁省非主要农作物品种备案办公室备案登记。该品种株高 160 厘米左右，叶腋 3 花、蒴果 4 棱，千粒重 3.2 克，蛋白质含量 21.6%，含油率 58.4%。

辽品芝 2 号生育期 110 天，在辽宁省内均可种植。

（三）种子处理

在播种前要进行种子处理，以保证播种质量。可采用风选或水选选择籽粒饱满、无霉变的优良种子，在播前 1～2 天在阳光下均匀暴晒，切忌在水泥地面或金属器内晒种，以免高温灼伤种子。芝麻有些病害是靠种子带菌或土壤持菌传播的。因此，为了预防病害，播种时应进行药剂处理，以杀死种子上的病菌。

二、播种

（一）适时播种（抢墒播种）

黄淮芝麻产区春芝麻的适宜播期为 5 月上中旬；夏芝麻的播期越早越好，最迟不宜超过 6 月 15 日。播种方式有条播、撒播、点播，其中条播最好。条播下籽均匀、深浅一致，出苗整齐，便于匀苗密植和田间管理（图 2-4）。单秆型品种一般采取等行距条播，行距 33 厘米、株距 16.7 厘米或行距 30～40 厘米、株距 13～15 厘米；也可以宽窄行条播，宽行 50 厘米，窄行 30 厘米，株距 13～15 厘米。分枝型品种宜采用 40 厘米或宽行 47 厘米、窄行 33 厘米，株距 23～26 厘米或 33 厘米播种；也可以和甘薯、棉花、豆类等作物间作。

图 2-4　多功能播种机

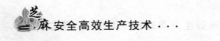

（二）播种深度和播种量

芝麻籽粒小，顶土能力弱，播种时宜浅播，播种深度以 3～4 厘米为宜，墒情不足时，可适当深些或深播浅覆土。播种后要及时镇压，以便种子萌发出苗。用种量以 6.0～7.5 千克/公顷为宜，精量播种量为 3.0～4.5 千克/公顷。

（三）播后管理

播后苗前要用除草剂进行土壤封闭，可选用的适宜除草剂为：50％乙草胺乳油 1 200～1 500 毫升/公顷、72％异丙甲草胺（都尔）乳油 1 500 毫升/公顷、96％精异丙甲草胺（金都尔）900～1 200 毫升/公顷、50％敌草胺 2 250 克/公顷，对水 600～750 千克喷施。芝麻出苗应到达出苗均匀，没有缺苗断垄现象。若出现缺苗现象，要趁墒及时补种或趁阴雨天气进行移栽。

三、施肥与灌溉

（一）芝麻需肥规律与施肥技术

芝麻从土壤中吸收最多的养分是氮、磷、钾三种要素，尤以氮素和钾素的需要量最大，磷素次之，同时也需要一定量的硼、锌、锰、钼、铁等微量元素。在我国黄淮芝麻产区的土壤中，一般来说缺氮少磷富钾。据研究，施氮肥能提高叶片中可溶性糖的含量。氮、磷在叶和种子中含量较多，钾在茎叶中较多。在芝麻高产栽培的条件下，氮、磷、钾三者配合施用效果更好。芝麻在各个生育阶段吸收营养物质的消长动态和植株生长趋势是一致的。因此，因地制宜地合理施用肥料，满足各生育阶段的营养需要，才能发挥芝麻的增产潜力。试验证明，科学施肥比任意施肥或不施肥的芝麻增产4.3％～158.0％。据研究，产量为 900 千克/公顷芝麻籽粒，约需从土壤中吸收纯氮 83.55 千克、五氧化二磷 20.1 千克、氧化钾90.9 千克；产量为 1 252.5 千克/公顷芝麻籽粒需从土壤中吸收纯氮 97.8 千克、五氧化二磷 25.05 千克、氧化钾 98.4 千克。芝麻产量增加，吸收氮、磷、钾的绝对数量也随之增加，但并非随产量增加按比例增加。由于土壤中的氮素容易消失，所以多数土地增施氮肥，尤以氮、磷、钾配合施用效果最好。多年试验证明，在一定的肥力水平条件下，芝麻籽粒产量与施肥量呈正相关关系，超过一定限度后，随着施肥量的增加而肥效递减。

芝麻需要从土壤中吸收以氮、磷、钾为主的多种营养元素，才能完成生长发育的全过程。芝麻对氮素和钾素的需要量最大，磷素次之。从植株分别吸收氮、磷、钾三要素的数量看，吸收氮素和钾素的数量都是前期少，以后逐渐增多，初花至盛花阶段吸收最多，盛花至成熟次之；植株吸收磷的数量，从出苗至成熟逐渐增加，以盛花至成熟阶段最多。各器官之间三要素的含量不尽相同，叶片和籽粒相比，叶片中的钾素含量多于籽粒。器官中还含有一定数量的硅、钙、镁、铝、硼、铁、钠、锰等元素，这些元素基本全靠土壤提供。

芝麻为了生长发育，需要从土壤中吸收各种养分，包括大量元素和微量元素，其对大量元素的需求尤为明显。但土壤中由于某种元素的供给能力较低，易造成植株缺素，即使其他养分供应充足也不能提高芝麻的产量，造成因最小养分限制而使芝麻产量下降，这就是芝麻科学施肥要考虑的问题。在芝麻营养临界期和养分最大效率期保证充足的肥料供应是芝麻获得高产稳产的物质基础。

科学施肥是实现配方施肥方案，充分发挥肥效，满足芝麻各生育阶段对土壤吸收利用的重要保证。分期施肥可实现前期壮苗早发，中期快速增花结蒴，后期稳健不早衰，延长叶片功能期，为夺取芝麻高产奠定良好的基础。

1. 施足底肥　芝麻的生育期短，需肥较多而集中。施足底肥可以提高土壤肥力，促进壮苗早发，为芝麻高产稳产奠定营养基础。农谚有"有钱难买根下肥"的说法，对高产芝麻来说尤为贴切。底肥使用量应占总施肥量的 $60\%\sim70\%$，不得少于 50%。农家肥是有机肥料的主要来源，能够改善土壤理化性质，增加土壤的团粒结构和孔隙度，提高保水、保肥能力，保持良好的土壤透气性，有利于微生物活动，加速土壤养分的分解，从而及时供应芝麻根系吸收利用。一般的农家肥料有厩肥、人粪尿、陈墙土、杂草堆肥、草木灰和城市垃圾等。农家肥所含营养物质全面，不仅含有氮、磷、钾，而且还含有钙、镁、硫、铁等中微量元素。农家肥中大量营养物质多呈有机物状态，难以被作物直接吸收利用，必须经过土壤中的物理化学作用和微生物的分解，使养分逐渐释放，因而肥效长而稳定，但由于农家肥中养分含量低，底肥需配合施入一定量的氮、磷、钾化肥，结合整地翻埋土中。据测定一般3 000千克优质牛粪尿，约含纯氮12千克、有效磷3.1千克、速效钾6.96千克。工业化肥与农家肥料配合施用作底肥时，工业化肥的用量要视农家肥的数量和质量而定。一般30～45吨/公顷的优质农家肥作底肥时，应同时配合施用尿素60～75千克或碳酸氢铵180～225千克及磷肥300～450千克。如果单纯施用化肥作底肥时，必须加大氮素化肥的使用量，应每公顷施尿素225千克或碳酸氢铵450千克左右、磷肥300～450千克和硫酸钾150千克作底肥。由于芝麻根系较浅，底肥不应施入过深，以15～17厘米为宜。据试验，同为22.5吨/公顷农家肥的施用量，施肥深度10厘米和17厘米的分别比27厘米的增产11.7％和7.1％（表2-7）。

表2-7 芝麻浅施底肥的增产效果

施肥深度 （厘米）	根系条数 （条/株）	产量 （千克/公顷）	增产幅度 （％）
10	59	997.5	11.7
17	50	957	7.1
27	43	877.5	0

夏芝麻播种季节性很强，应提前做好施底肥的准备，农家肥料事先运到地头，待前作收获后，运送至田间。为加快施肥进度，也可采用饼肥、化肥和人粪尿作底肥，或在冬季、早春给前茬作物施入大量慢性肥料，利用后效来代替芝麻的部分底肥。春芝麻的底肥应结合最后一次犁地翻埋土中，以分层次施用的肥效最好。有机肥和磷肥必须在犁地前均匀地撒施在地面。速效性化肥以犁后耙前撒在土垡上为好。因为，芝麻的根系分布浅，底肥以浅施为宜。

2. 巧施种肥 芝麻种子小，胚乳中贮存的营养物质少，施用种肥可使芝麻在出苗期有足够的养分供应，促使壮苗早发，同时种肥用量小、见效快、肥效高，施种肥是一种集约施肥、充分发挥肥效的好方法。种肥对芝麻条播、穴播和移栽及其育苗圃均可适用。

种肥能及时满足幼苗生长的需要。种肥的施用方法有多种，如拌种、浸种、条施、穴施等。适宜作种肥的肥料有腐熟的农家肥、尿素、硫酸铵、过磷酸钙、钙镁磷肥、磷酸氢酸二氢铵、磷酸氢二铵等；不适宜作种肥的肥料有氨水、碳酸氢铵、钢渣磷肥、窑灰钾肥、氯化钾、硫酸钾等。种肥施用方法：可与种子混合播种，或撒入播种沟或穴中，然后播种；或播种后用种肥覆盖；或种肥同播，采用种肥同播机，种子入土 3 厘米，肥料入土 8 厘米，播种安全、省工省时，这是目前种肥施用的发展趋势之一。种肥如用有机肥料，必须事先充分腐熟，沤制时可混入磷肥；如用化学肥料，必须限量、撒匀。以免农家肥发酵灼伤幼苗或化肥烧苗，造成缺苗，目前种肥一般选用高效缓释复合肥。种肥用量不宜过多。

黄淮芝麻产区广大的砂姜黑土地上，铁茬种芝麻无法施底肥时，可采用粪耧先将种肥尿素、过磷酸钙、磷酸二氢钾或腐熟的饼肥掺匀播下，大面积生产可用播种施肥一体机，将肥料、种子按不同的用量和覆土深度进行操作，实现播种、施肥一次完成；零星产区穴播、手工开沟条播时，下籽后将少量化肥或腐熟的家禽家畜厩肥、饼肥均匀撒入种穴、种沟内，然后适当覆土，浅盖保墒。微量元素可以浸种、拌种使用。

3. 适时追肥 追肥是调节芝麻生长的主要措施之一。芝麻一生中的养分供应，单靠底肥不能满足中后期生长发育、开花、结蒴的需要。如不及时追肥，会出现脱肥现象，轻者生长缓慢、叶小变黄、茎秆细矮、花少蒴瘦，重者产量降低、品质变劣。对少施和不施底肥的芝麻来说，追肥更为重要。施肥方法有土壤追肥和叶面喷肥。追肥多用速效性化学肥料或腐熟的农家肥，或稀释的人粪尿。

（1）苗期 芝麻幼苗生长缓慢，根系吸收养分的能力较弱，一般土壤肥沃、底肥充足，幼苗生长健壮的条件下不需要追肥。而对于土地瘠薄、土壤供肥能力差，或施底肥不足，或不施底肥，或过于晚播的夏芝麻，苗黄苗弱，生长缓慢，则需要尽早追施速效性氮素化肥提苗。培育壮苗早发。苗期追肥要体现一个"早"字，追肥过晚，起不到提苗作用。但过早根系吸收能力很弱，浪费肥料。研究认为，提苗肥分枝型品种应当在分枝前，单秆型品种应当在现蕾前追施为宜。追施肥料的用量应视苗期而定，一般每公顷施尿素 75～150 千克。苗期追施厩肥、猪粪、堆肥、饼肥等迟效性农家肥时尽量早用。农谚有"追肥用得早，苗儿长得好"。说明苗期施肥宜早不宜晚。

（2）现蕾至初花期　现蕾至初花阶段，是芝麻由单纯的营养生长转入营养生长与生殖生长并进阶段，根系吸收能力增强，植株生长速度日益加快，对养分的日吸收量明显增多。这一阶段追肥，能培养芝麻植株茎秆粗壮、稳健早发、叶色浓绿的高产长相。研究认为，芝麻产量的构成因素主要是单株蒴数、每蒴粒数和千粒重，而单株蒴数又是构成产量的最主要因素。因此，这个时期追肥的目的是增加植株高度，加长有效果轴长度，增加节位。若能增加一个节位，就有可能增加 2～4 个蒴果，每公顷可提高籽粒产量 30～45 千克。为了保证芝麻植株强壮生长，促进花芽分化，必须重施速效性氮素化肥，有的还应重施磷肥和钾肥。土地肥沃、底肥充足、幼苗健壮的芝麻，可以少施追肥；土壤瘠薄、肥力较差的地块，相应地可以多施追肥。根据苗期分段追肥，以一次少量追肥、多次进行的方式进行，试验证明两期追肥可使低产变中产、中产变高产。这对黄淮流域中低产地区的芝麻生产有着积极的作用。

（3）开花结蒴期　此期是芝麻植株生长最盛、干物质积累最多，也是需要养分最多的时期。为了防止脱肥，避免植株早衰，力求多开花、多结蒴，减少黄梢尖，改善土壤营养状况，延长叶片功能期，适当适量地追肥也会收到较好的效果。但是，为了防止芝麻贪青晚熟，此期追肥要慎重，一般不施或少施追肥。这个阶段追肥宜早不宜迟，最晚不能晚于盛花期。

4. 追肥方法　追肥的方法妥当与否，对肥料的利用率和产量提高有直接影响。芝麻的追肥时期都处在高温季节，遇到土地干旱和暴雨的机会较多。为了防止高温暴晒导致养分挥发，或暴雨地表径流增大养分流失，应趁土壤墒情较好时，将肥料施入土中覆土盖严。芝麻追肥应与中耕、培土、浇水等工作密切结合，采取开沟条施和穴施。追肥不宜过浅、过远，本着近根又不伤根的原则，特别是氮素化肥应施在离根基 3～4 厘米、浅埋 4～6 厘米的土中为宜。如遇雨追肥撒施时，应在雨前或雨中施用（暴雨时不宜施肥），切忌雨停后施用，这样撒下的肥料会烧坏叶片。

每次追肥应遵照配方施肥的要求，在原来施肥的基础上，分期补追一定量的氮肥和磷、钾肥。幼苗期一般不追肥，即使追肥也不宜过多。对于弱苗每公顷应追施 45～75 千克尿素，促使壮苗早发。蕾前期追肥，分枝型品种应在分枝期，单秆型品种应在现蕾期，每公顷施尿素 150 千克左右，可有效地促进果轴伸长，增加蕾、花、蒴数，提高单株生产力。底肥和前期追肥较足，开花结蒴阶段可以不追肥或少追肥。有些弱苗可追施"偏心肥"，促弱赶强，以求个体间均衡发展，形成整齐的高产群体。追肥量要视植株的整体长势和个体间强弱差异程度而定，通常每公顷追施尿素 120～150 千克。

5. 叶面喷肥　芝麻叶片宽阔，茎叶密生茸毛，能较好地接收和黏附肥液。叶面追肥就是将肥料按一定比例稀释后均匀喷洒于芝麻叶面，养分可直接被叶片吸收利用。在芝麻生育的中后期，由于根系活力逐渐衰退，吸肥能力相应减弱，通过叶面喷肥，利用叶片的吸肥作用，养分能快速通过叶面的气孔和浸润角质层而被吸收，输送到花、蒴、茎和根等生长部位，参与作物代谢，可有效增加叶片蛋白质含量，促进叶绿素形成，延长叶片功能期，提高光合性能。同时叶面喷肥用肥量少、成本低，还可以减少土壤对肥料的固定，防止肥料流失，提高肥料利用率，是一项投资少、效益高的措施。

叶面喷肥技术要求：

（1）**喷施浓度**　尿素 1%～2%，硫酸钾 0.4%，磷酸二氢钾 0.3%～0.4%。

（2）**喷施时期**　芝麻始花至盛花阶段是生长旺盛时期，需要大量的营养物质，为恰当的喷肥期。

（3）喷肥时间次数　应在晴朗天气的下午进行，尽量避免高温和干燥风导致喷洒的营养液水分蒸发过快，妨碍吸收；也要避免喷后受雨水淋失，降低肥效。在晴朗天气，每3～5天喷施1次，连续2次。如喷后遇雨，雨后应补喷。

（二）芝麻需水规律与灌溉技术

芝麻一生总需水量在1 642.20～6 322.20 米³/公顷，最适需水量为2 171.70 米³/公顷，植株蒸腾量为680.25～2 845.95 米³/公顷。

土壤含水量对芝麻需水量影响很大。不同土壤水分处理下芝麻需水量差异见表2-8。由表2-8可以看出，随着土壤水分含量的增加，芝麻一生总需水量显著增加，其中在长期干旱条件下（40％水分处理）芝麻需水量仅为1 642.20 米³/公顷；长期渍水条件下（土壤含水量100％），芝麻一生总需水量为6 322.20 米³/公顷，是长期干旱芝麻需水量的3.85倍。产量最高的为正常条件下（60％水分处理），芝麻需水量为2 171.7 米³/公顷，仅占渍水条件下芝麻需水量的34.35％，表明土壤含水量60％为芝麻生长最佳土壤含水量。

芝麻各生育阶段不同水分处理下蒸腾量有显著差异，从不同生育时期需水量来看，各水分处理均为播种至出苗需水量最小，初花至盛花需水量最高。播种至出苗2.86％～4.17％，最适为3.57％，出苗至现蕾11.43％～16.67％，最适为14.29％；现蕾至初花7.14％～11.24％，最适为10.71％；初花至终花58.33％～73.57％，最适为60.71％；终花至成熟5.00％～10.71％。

芝麻植株每生产1 500千克籽粒需水量为2 662.65～19 345.95 米³/公顷，最适需水量为2 662.65 米³/公顷，且随着土壤含水量增加，芝麻植株需水量也随之增加，水分利用率明显下降。当土壤水分含量为60％时，每立方米水生产籽粒干物质效率最高，为0.34 千克/米³；在干旱与渍水条件下，每立方米水生产籽粒干物质效率均下降，分别降至0.097 千克/米³、0.105 千克/米³。

根据芝麻需水规律，芝麻苗期灌水不宜过大，灌水量不宜超过10 米³/亩；芝麻现蕾期根据墒情及时排灌水，特别是中后期遇旱浇水，初花—终花需水量最大，每次灌水以≤20 米³/亩为宜。苗期芝麻较小，以微喷为主，中后期可用喷灌、漫灌等方式。

表 2 - 8　不同水分处理下芝麻耗水量

需水量		40%	60%	80%	100%
总需水量（米³/公顷）		1 642.20	2 171.70	5 004.45	6 322.20
植株蒸腾量（米³/公顷）		680.25	1 030.50	1 710.90	2 845.95
各生育期 蒸腾量 （米³/公顷）	播种至出苗	46.95	77.55	145.95	213.15
	出苗至现蕾	187.65	310.20	584.10	852.45
	现蕾至初花	117.30	232.65	365.10	710.40
	初花至终花	1 208.10	1 318.50	2 044.35	4 120.05
	终花至成熟	82.05	232.65	365.10	426.15
各生育期 蒸腾量 占比（%）	播种至出苗	2.86	3.57	4.17	3.37
	出苗至现蕾	11.43	14.29	16.67	13.48
	现蕾至初花	7.14	10.71	10.42	11.24
	初花至终花	73.57	60.71	58.33	65.17
	终花至成熟	5.00	10.71	10.42	6.74

四、田间管理

（一）苗期管理

芝麻生育前期主要进行营养生长，对养分的需求较少，但对水分敏感。田间管理的重点任务是疏苗、间苗、定苗，防治地下害虫和渍涝害，保证芝麻生长壮而不旺。

1. 及时破除板结、防治灼苗　芝麻播种后，若遇雨猛晴，在天晴适墒时，用钉齿耙横耙 1～2 遍，破除板结层，疏松土壤，确保芝麻种子正常发芽、顺利顶土出苗。

2. 及时查苗补缺　在适宜的条件下，夏芝麻一般 5～6 天出苗。对不能及时出苗或出苗不全的出现局部缺苗断垄现象的地块，应用同一品种及时催芽补种。对缺苗十分严重的地块，应及早重播。对只有少量缺苗的地块，可以移苗补栽。移栽应选择阴天或晴天下午进行，以减少叶面蒸腾，提高成活率。

3. 适时间苗、定苗 芝麻播种量大，一般为实际留苗的 10～12 倍，芝麻出苗后幼苗十分拥挤，互相争光、争水、争肥，从而导致根系和茎叶生长不良，产生黄瘦细弱的幼苗，如不及时进行间苗，常造成芝麻发生苗荒，导致早期形成高脚苗，后期形成高腿苗，严重时使全田废弃，颗粒无收。因此，适当进行间苗、定苗是培育壮苗的关键措施。间苗时间与方法：第一次间苗为"十字架"即第一对真叶长出时，要把苗子疏开，群众叫打开"疙瘩苗"；第二次间苗为第 2～3 对真叶长出时，间苗距离应是定苗距离的 1/2，并注意留足、留匀、留壮苗，如有缺苗，可在缺苗附近留双苗或移苗补栽。定苗时间与方法：在第 4～5 对真叶长出时，拔除多余苗即可。芝麻成株期合理密度：单秆型品种一般条件下每公顷留苗 13.5 万～18.0 万株，最高不能超过 22.5 万株/公顷；高水肥条件下，每公顷留苗 12.0 万～15.0 万株，最高不超过 18.0 万株/公顷。

4. 苗期病虫草害防控

（1）**苗期病害防控** 苗期病害主要有立枯病、茎点枯病和枯萎病。防治方法如下：

农业防治：选择优质高产、耐渍、抗病性强的品种；合理轮作、减少越冬菌源、加强肥水管理、培育健苗、采用高畦栽培；及时防治害虫等传毒介体。

种子处理：温汤浸种，55℃浸种 10 分钟或 60℃浸种 5 分钟；药剂拌种，用种子重量约 0.2% 的 50% 多菌灵可湿性粉剂或 80% 代森锰锌可湿性粉剂拌种。苗期病害防治，若预报有连阴雨，可选用 50% 多菌灵可湿性粉剂 500 倍液或 70% 甲基硫菌灵可湿性粉剂 800 倍液喷洒保护。

（2）**苗期害虫防控** 苗期害虫主要有地老虎、金针虫、蛴螬和蝼蛄等地下害虫，旱天时易发生蚜虫。防治方法如下：

农业防治：施用腐熟农家肥料，清除田间地头杂草可消灭部分虫卵和早春杂草寄主，结合早春积肥铲除杂草，沤肥或烧毁，可消灭 1～2 龄幼虫和大量虫卵。

诱杀成虫：在成虫盛发期利用黑光灯、糖、酒、醋诱夜蛾，加硫酸烟碱或苦楝子发酵液，或用杨树枝把或泡桐叶，诱杀成虫。

化学防治：出苗后可用炒香的麦麸、豆饼、花生饼、玉米碎粒、新鲜碎草、泡桐树叶等拌入辛硫磷乳油作毒饵诱杀幼虫。出苗后用10％虫螨腈（除尽）悬浮剂2 000倍液或5％氟虫脲（卡死克）2 000倍喷雾防治。

（3）杂草防控方法　在间、定苗的同时，拔出芝麻田杂草。出苗后如杂草过多，可在出苗后10～15天用12.5％盖草能乳油600毫升/公顷或5％精喹禾灵1 500毫升/公顷，加水600升均匀喷雾；2～3对真叶期和蕾期各中耕1次。地面遇雨易板结，尽量做到有草就锄。

5. 苗期合理促控　在芝麻苗期如遇到频繁降雨，或芝麻田施氮肥量过高时，常造成芝麻生长过旺，易形成高脚苗，并导致生殖生长受阻、单株蒴数下降，从而造成产量下降。控制的方法为：苗期2～4对真叶时，如生长过旺，可使用矮壮素30～40毫克/千克进行田间喷施；或用浓度为150毫克/千克的缩节胺浸种，苗期喷施浓度为100毫克/千克。一般连续喷施2次，时间间隔7～10天。

（二）中期管理

芝麻生育中期植株对外界环境变化极其敏感。该时期是气候最为多变的时期，旱涝灾害经常交替发生，严重影响芝麻生长发育。为了夺取芝麻高产，既要充分满足芝麻植株迅速生产及大量开花结蒴对水分、养分的大量需求，又要防止芝麻因生长发育失调而导致植株徒长、落花落蒴。该时期是实现芝麻高产管理的关键时期。因此，在管理措施上，应以促为主，促中有控，促控结合。主要采取的措施如下：

1. 中耕除草　能够松土、除草，减少水分和养分的损耗，调节土壤温度和湿度，改善土壤的通透性，调节土壤水、气、热状况，促进微生物活动，加速养分的分解，可为芝麻创造良好的生长发育环境。方法为要由浅入深，由深而浅。

2. 配方施肥　芝麻幼苗期根系生长较弱，对养分吸收能力不强，整个苗期对营养需求量也不大。因此在施足底肥或施用种肥的情况下，只要芝麻幼苗能正常生长，一般不宜追施苗肥，但对于播种时未施底肥（铁茬播种）或少数长势极差的芝麻田块可以根据苗期酌情追施尿素 75～150 千克/公顷，初花期可以随灌水或随雨水施入，中后期可喷施叶面肥（1%尿素、0.3%～0.4%磷酸二氢钾、0.1%硼肥等叶面微肥），也可喷施增产灵、喷施宝和叶面宝等生物调节剂。

3. 及时排灌水　芝麻苗期对水分的需求不大，为了促根蹲苗，应适当控制土壤水分。芝麻最适宜土壤含水量为田间最大持水量的 60%～75%（沙壤、中壤、黏壤含水量分别为 13.2%～16.5%、15%～18.8%和 16.8%～21%）。因此，只要注意保墒，一般不用浇水。芝麻根系入土较浅，耐渍性差，因此灌水时应控制水量，忌大水漫灌。苗期每次灌水量以每公顷 300 米³ 为宜。盛花期需水量大，灌水量可大些，但每公顷也不应超过 4 500 米³。芝麻的灌水方法一般采用沟灌、喷灌、滴灌的方式进行。

4. 病虫害防控　芝麻生育中期是病虫害的高发期，此期易发生的芝麻病害包括枯萎病、茎点枯病、叶斑病等，虫害包括蚜虫、棉铃虫、芝麻螟、盲蝽、芝麻天蛾等。

（1）病害防控　针对病害除采取农业综合防治外，枯萎病和茎点枯病可采用 70%代森锰锌可湿性粉剂 800 倍液或 50%多菌灵 500 倍液或 70%甲基硫菌灵可湿性粉剂 800 倍液进行叶面喷施，可对多数叶部病害具有兼治效果。另外，75%百菌清可湿性粉剂 600 倍液、40%氟硅唑（福星）乳油 8 000 倍液也可用于防治叶部病害。细菌性角斑病可采用 72%农用硫酸链霉素 4 000 倍液叶面喷施；白粉病可采用 20%三唑酮 1 200 倍液进行叶面喷施；对于病毒病主要采取苗期防治蚜虫，减少病毒传播来源以降低病毒病发生概率，药剂防治采用有机磷类或菊酯类农药和抗病毒药剂进行叶面喷施，如氧化乐果（或杀虫菊酯）＋病毒 A 等药剂，达到治虫防病的效果。

（2）虫害防控　对虫害除采取农业综合防治外，对于成虫的防治方法为利用黑光灯、萎蔫的杨树枝把、糖醋液、性信息素等诱杀成虫。针对鳞翅目虫害可在幼虫发生初期（3 龄前）喷洒化学或生物农药喷雾。可选用药剂有 2.5%高效氯氟氰菊酯（功夫）乳油 3

000 倍液或 2.5％多杀霉素（菜喜）1 000 倍液或 10％虫螨腈（除尽）1 000～1 500 倍液或 5％氟虫脲（卡死克）乳油 4 000 倍液或 20％灭幼脲 1 号悬浮剂 500～1 000 倍液或 20％虫酰肼（米满）1 000～1 500 倍液或 20％氯虫苯甲酰胺（杜邦康宽）4 000 倍液进行叶面喷施，防治效果较好。

5. 适期打顶技术 芝麻具有无限生长习性，其特点是在合适的环境条件下植株无限生长和开花。由于花期长、蒴果发育进程不一致，成熟时顶部总有一段空梢尖，这是无效生育及无效营养消耗的部分造成产量降低和优质产品率低的原因之一。因此，适期打顶是实现高产优质的关键性措施。打顶方法是在空梢尖分生始期，即春播芝麻的适宜打顶期为初花后 30 天，即 7 月 25 日至 8 月初；夏播芝麻应在 7 月底至 8 月上中旬，最迟不超过 8 月 20 日，用手指或用剪刀去除顶端生长点即可，一般去除顶端生长点 1 厘米以内为宜。

（三）后期管理

芝麻生育后期，其营养生长停止，主要进行生殖生长，进行籽粒灌浆，提高籽粒饱满度。芝麻生育后期田间管理的重点是防止芝麻早衰和倒伏问题。

1. 防早衰 芝麻生育后期是蒴果和种子相继形成、生长发育最盛的始期，极易发生脱肥早衰现象，对芝麻产量造成影响。此时，田间管理主要是通过根外追肥补充植株营养，并结合防治叶斑病和芝麻茎点枯病。方法是用 40％多菌灵（或 70％甲基硫菌灵）700～1 000 倍液，并加入 1％尿素、0.3％～0.4％磷酸二氢钾进行叶面喷施。同时应及时补充灌浆水，对促使种子饱满、增加产量仍有一定的作用。

2. 防倒伏 芝麻生育后期，最易发生倒伏的时期是在 8 月上旬植株封顶前后，此时植株已结有大量蒴果，且含水量高，植株负荷大，茎秆充实度差，加之芝麻根系分布浅，固持力弱，若遇暴风雨，极易发生倒伏或茎秆折断。防倒伏的方法：栽培上应选择抗病虫和抗倒伏性强的品种，结合中耕高培土，防止根系外露，造成倒伏；严格控制氮素营养水平，防止施氮过多过猛，造成植株徒长；

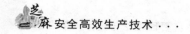

合理密植，使芝麻田间通风透光良好，个头发育健壮，茎粗腿低，高产不倒；防治病虫害，防止因病虫害造成根系伤害和茎秆倒折；根据土壤墒情适量灌水，切忌大水漫灌和大风天灌水，并在暴雨天气时及时排除积水，防止因雨涝造成芝麻徒长，造成倒伏。

3. 防治病虫害 病虫害防治方法同中期管理。

五、适时收获

芝麻生育期较短，上部蒴果与下部蒴果蒴龄差距较大，熟期很不一致。应在植株变成黄色或黄绿色，叶片几乎完全脱落，下部蒴果的籽粒充分成熟，种皮呈固有色泽，并有 2～3 个蒴果开始裂嘴，中部蒴果的籽粒已十分饱满且上部蒴果的籽粒已进入乳熟后期时进行收获。夏播芝麻在 9 月上旬可以收获。芝麻收获一般先收过早成熟的植株，应趁早晚收获，避开中午高温阳光强烈照射，减少下部裂蒴掉籽或病死株裂蒴造成的损失。收获方法以镰刀割较好。割取后将植株束成小捆，以 20 厘米直径的小束为宜，于田间或场院内，每 3～4 束支成棚架，各架互相套架成长条排列，或 7～10 捆互相支架，分散放置，以利暴晒和通风干燥。芝麻裂蒴后，应进行 2～3 次或多次脱粒，以达到丰产丰收。

目前，机械化收获是芝麻生产发展的趋势，在天气干旱的一年一熟制地区，可采用机械收割，堆放晾晒，一次脱粒，省工省时；在一年两熟或两年三熟制地区，可采用机械分段收割，扎捆晾晒，人工脱粒，或机械收蒴，以直接烘干脱粒的方式进行。也可用联合收获机，一次性完成收割、脱粒、分离、清选、集粒等工序，日收获芝麻 80～100 亩，是人工收获的80～100 倍（图 2-5）。

图 2-5 联合收获机

第三章
芝麻主要病虫草害及安全防治

本章导读

　　夏芝麻生育期短，且整个生育期处于高温多雨的季节，本身易遭受病虫草害的侵袭。芝麻病虫草害作为生产中最为常见的障碍因子，轻者影响植株的生长发育，导致产量减低、品质变劣，重者甚至可直接导致植株死亡，直至绝收。因而，安全有效防治病虫草害成为广大农民朋友最为关注的生产技术之一。

　　芝麻病虫草害的防治作为安全高效生产技术的重要环节，涉及物理防控、化学防控和生物防控等多项措施。病虫草害防治过程中非常容易接触到一些对人畜有毒性的物品，使用不当经常成为影响芝麻安全生产的不利因素，也是广大农民朋友在实际生产中需要特别重视的。然而，由于芝麻病虫草害的种类繁杂庞多，逐一叙述相当烦琐且实用性不强，本书仅就生产中常见的病虫草害及其防治措施和芝麻安全用药技术作针对性介绍，以便于农民朋友高效操作和应用。

第一节　芝麻主要病害及防治

一、枯萎病

（一）枯萎病的发生及危害

　　芝麻枯萎病是传统的芝麻四大病害之一，又称半边黄或黄死病，是一种发生普遍、危害严重的真菌性病害。我国安徽、河南、湖北等芝麻主产区均有发生。该病在连作地、土温高、湿度大的瘠薄沙壤土上易发。品种间抗病性有差异。一般发病率为 5％～10％，严重者达 30％以上，多发生在苗期、盛花期，对产量有较大影响。

该病于苗期、成株期均可发病（彩图 1）。苗期发病常导致植株根系腐烂，全株猝倒，从而造成田间缺苗。中后期发病多于苗期，发病后植株叶片自下向上逐渐枯萎。病根部半边根系变褐，并顺延茎部向上伸展，使相应的茎部产生红褐色的干枯条斑。潮湿时病斑上出现一层粉红色的粉末，病茎的导管或木质部呈褐色，发病半边因导管阻塞，且病菌分泌毒素，可使叶片变黄，并由下向上枯萎脱落，感病半侧的叶片呈半边黄现象，逐渐枯死脱落，是典型的维管束病害。该病最终导致病株早熟，蒴果短小，炸蒴落粒，籽粒瘦秕且色暗发褐。

该病病菌以菌丝潜伏在种子内或随病残体在土壤中越冬，在土壤中可存活数年。第二年条件适宜时，从根毛、根尖和根部伤口侵入幼苗根部。病菌侵入后，进入导管，沿着导管向上蔓延至茎、叶、蒴果和种子。芝麻收获后，病菌又在土壤、病残株和种子内外越冬，成为第二年的初侵染源。播种带菌种子，也可引起幼苗发病。田间操作以及虫害造成的伤口，病菌易侵入。

（二）枯萎病的防治

1. 种子处理　播种前用种子重量 0.3％的 50％多菌灵可湿性粉剂，或 70％甲基硫菌灵可湿性粉剂，或 0.1％的 15％三唑酮可湿性粉剂拌种。

2. 农业防治　因地制宜选用抗病品种；与禾谷类作物实行 3～5 年轮作；在无病田或无病株上选留种子；增施磷、钾肥及腐熟的有机肥；及时间苗、中耕除草，增强植株抗病力；田间操作时避免伤根，防治地下害虫均可减轻病害的发生；收获后应及时清除遗留在地里的病残株。

3. 药剂防治　田间发现病株后，应及时喷药防治，每隔 7～10 天喷 1 次，连续喷药 2～3 次。药剂可选用 40％络氨铜锌（抗枯宁）1 000 倍液，或 40％硫酸新霉素（克菌灵）800 倍液，或 50％

腐霉利（速克灵）1 000 倍液，或 50％甲基硫菌灵可湿性粉剂 800～1 000 倍液，或 2.5％咯菌腈（适乐时）1 000 倍液。

二、茎点枯病

（一）茎点枯病的发生及危害

芝麻茎点枯病又称黑秆疯、黑秆病、黑根疯、茎腐病、炭腐病等，属真菌性病害。发病后，茎秆发黑，着生很多黑点，大风、雨后易造成植株倒伏。全国各芝麻产区都有发生，尤以在河南、湖北等主产区危害严重。一般发病率为 10％～20％，严重时可达60％～80％，甚至成片枯死。病株千粒重、单株产量、含油率均明显下降，轻则损失 10％～15％，重则损失 50％以上，是影响芝麻高产稳产的重要病害之一（彩图 2）。

芝麻播种后染病，会引起烂种死苗。出苗后染病，会导致幼苗根部变褐，地上部萎蔫枯死，幼茎上密生黑色小点，即分生孢子器和菌核。开花结蒴期发病，多从根部或茎基部开始，后向茎部扩展，有时从叶柄基部侵入后蔓延至茎部。根部感病后，主根和支根逐渐变褐枯萎，皮层内布满黑色小菌核。茎部病斑初呈黄褐色水渍状，与健全组织无明显界线，继而发展为绕茎大斑，并向上蔓延，病斑呈黑褐色、中部银灰色、有光泽，密生针尖大的小黑点。病株叶片自下而上呈卷缩萎蔫状，黑褐色，不脱落，植株顶端弯曲下垂。蒴果感病后呈黑褐色枯死状。病种上生出许多小黑点。病株较健株矮小，严重发病时全株干枯，髓部被蚀中空，仅剩纤维，易折断。

该病病原菌以分生孢子器或小菌核在种子、土壤及病残体上越冬。播种后菌核产生菌丝，侵染种子和幼芽，引起烂种和烂芽。幼苗出土后菌核萌发侵染幼苗，于茎秆上再产生小菌核和分生孢子器，并释放分生孢子进行再侵染。该菌主要从伤口、根部及叶痕处侵入，条件适宜时分生孢子萌发后直接侵入。随着植株的逐渐成熟，病株茎秆、蒴果和种子上的菌核和分生孢子器进入休眠期。该病主要发生于芝麻开花结蒴期，其次是苗期，现蕾期很少发生。降雨量和降雨日数是决定芝麻发病严重度的关键因素，雨日长、雨量多有利于发病；雨后骤晴，发病重。气温 25℃ 以上有利于病菌侵入和扩展。种植过密、偏施氮肥、土壤潮湿以及连作地发病重。

（二）茎点枯病的防治

芝麻茎点枯病是一种顽固性病害。小菌核在土壤中可存活 2 年，病原菌致病力强，寄主范围广，菌源存在广泛，是一种较难防治的病害。在防治上应以农业防治为主，辅以药剂防治，采取综合防治的策略。

1. 种子处理 用 55℃ 温汤浸种 10～20 分钟，晾干后播种。播种前用种子重量 0.3% 的 50% 多菌灵可湿性粉剂，或 0.1% 的 70% 甲基硫菌灵可湿性粉剂，或 0.2% 的 50% 苯菌灵可湿性粉剂拌种。

2. 农业防治 选用抗病品种。与禾谷类、棉花、甘薯等作物实行 3 年以上轮作。选用无病种子种植。施足底肥，苗期不过多施用氮肥，生长期间适当施用磷、钾肥。及时间苗和中耕除草，雨后排出田间积水。芝麻收获后，彻底清理病株残体，并深翻土壤。

3. 药剂防治 在芝麻封顶前后或发病初期喷洒药剂防治。药剂可选用 50% 多菌灵 1 500 倍液，或 70% 甲基硫菌灵可湿性粉剂 800 倍液，或 50% 苯菌灵可湿性粉剂 1 500 倍液，或 75% 百菌清悬浮剂 600 倍液，或 50% 异菌脲可湿性粉剂 600 倍液或 80% 代森锰锌可湿性粉剂 1 500 倍液。每隔 7 天喷 1 次，共喷 2～3 次。

三、芝麻青枯病

（一）青枯病的发生及危害

芝麻青枯病为细菌性病害，河南群众称之为黑茎病、黑秆病，湖北、江西等地称之为芝麻瘟，严重发病地区常出现芝麻成片死亡（彩图 3）。我国湖北、四川、江西、广西等南方芝麻产区发生较多，近年河南、新疆也有发生。据调查，芝麻重茬两年，青枯病发生率为 19.2%，重茬三年发病率高达 25.6%，连年重茬严重威胁芝麻的正常生长。该病发病后全株迅速萎蔫枯死，蒴果不能成熟，产量损失甚大，除危害芝麻外，还侵染茄科和豆科作物。

病原菌主要随病株残体在土壤中越冬。病菌能单独在土中存活并繁殖，可存活 3～5 年。第二年条件适宜时，病菌从根部或茎基部伤口或自然孔口侵入。芝麻植株染病后，初在茎秆上出现暗绿色斑块，后变为黑褐色条斑，顶梢上常有 2～3 个梭形溃疡状裂缝，起初植株顶端萎蔫，然后下部叶片萎凋，呈失水状，发病轻时夜间尚可恢复，几天后不再复原。剖开根茎可见维管束变成褐色，不久蔓延至髓部，出现空洞，湿度大时有菌脓溢出，逐渐形成漆黑色晶亮的颗粒，病根变成褐色，细根腐烂。病株的叶脉出现墨绿色条斑，纵横交叉呈网状，对光观察呈透明油浸状，叶背的脉纹呈黄色波浪形扭曲凸起，后病叶褶皱或变褐枯死。蒴果初呈水浸状病斑，后也变为深褐色条斑，蒴果瘦瘪，种子小不能发芽。

该病在田间主要通过灌溉水、雨水、地下害虫、农具或农事操作传播。暴风雨后骤晴，易引起病害流行。土温在 15～30℃ 范围内，温度越高，发病越重。连作地，发病重。农事操作等造成的伤口多，易发病。

（二）青枯病的防治

1. 农业防治　病田可与禾本科作物、棉花、甘薯等作物实行 2～3 年轮作。避免大水漫灌，雨后及时排出田间积水，防止湿气滞留。合理施肥，施足底肥，特别是厩肥和草木灰。芝麻生长中后期停止中耕，以免伤根。及时拔除和烧毁病株。拔除病株后，用石灰水泼浇病穴，消毒土壤。

2. 化学防治　发病初期喷洒农用链霉素 2 500 倍液，或新植霉素 2 500 倍液，或 32％克菌溶液 1 500 倍液，或 14％络氨铜水剂 300 倍液，每隔 7～10 天喷 1 次，连喷 3～4 次。

四、疫病

（一）疫病的发生及危害

芝麻疫病属真菌性病害，在我国芝麻产区湖北、江西等省份局部地区发病较重，河南、山东等省份发病较轻。芝麻疫病是一种毁灭性病害，常在田间造成植株连片枯死，严重时发病率达 30％。

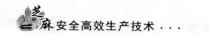

病株种子瘦瘪，产量和种子含油量均显著下降（彩图4）。

芝麻疫病病原菌以菌丝在病残体上或以卵孢子在土壤中越冬，苗期进行初侵染，病菌从茎基部侵入，10天左右病部产生孢子囊。芝麻现蕾时开始发病。病菌产生的游动孢子借风雨传播进行再侵染。菌丝生长适温23～32℃，产生孢子囊适温24～28℃，高温高湿病情扩展迅速，大暴雨后或夜间降温易造成发病。

芝麻疫病主要危害叶、茎和蒴果。叶片染病初现褐色水渍状不规则病斑，湿度大时病斑扩展迅速呈黑褐色湿腐状，病斑边缘可见白色霉状物，病健组织分界不明显。干燥时病斑为黄褐色。在病情扩展过程中遇有干湿交替明显的气候条件时病斑出现大的轮纹圈；干燥条件下，病斑收缩或成畸形。茎部染病初为墨绿色水渍状，后逐渐变为深褐色不规则形斑，环绕全茎后病部缢缩，边缘不明显，湿度大时迅速向上下扩展，严重的致全株枯死。生长点染病后，嫩茎收缩变褐枯死，湿度大时易腐烂。蒴果染病产生水渍状墨绿色病斑，后变褐凹陷。

（二）疫病的防治

1. 种子处理 播种前用种子重量0.3%的福美双可湿性粉剂拌种。

2. 农业防治 采用高畦栽培，雨后及时排水，防止湿气滞留。病地进行2年以上轮作，芝麻收获后及时清除田间病残株。

3. 田间喷雾 发病初期喷洒硫酸铜∶熟石灰∶水为1∶1∶100的波尔多液，或25%瑞毒霉可湿性粉剂500倍液，或58%甲霜·锰锌可湿性粉剂600倍液，或72%霜脲·锰锌（杜邦克露）可湿性粉剂800倍液，或75%百菌清可湿性粉剂600倍液，或50%甲霜·铜可湿性粉剂500倍液，或69%甲霜·锰锌（安克锰锌）可湿性粉剂1 000倍液，或64%杀毒矾可湿性粉剂400倍液。每隔7天喷洒1次，连续防治2～3次。

五、芝麻立枯病

（一）芝麻立枯病的发生及危害

芝麻立枯病属真菌性病害，发病范围广，在我国芝麻产区均有发生，以南方产区发生较重。病害主要发生在芝麻苗期，造成芝麻死苗、缺苗断垄（彩图5）。

芝麻立枯病病原菌学名为立枯丝核菌，属半知菌类丛梗孢目暗梗孢科长蠕孢属芝麻长蠕孢。病菌以菌丝或菌核随病残体在土壤中越冬，成为翌年初侵染源。气温 15～22℃ 或低温多雨易发病。此外，该病菌寄主范围广，有 160 多种寄主植物，除芝麻外，还有甜菜、茄子、辣椒、马铃薯、番茄、菜豆等。土壤中的病菌可以随地面流水、风雨、农田耕作等传播。

芝麻立枯病是苗期常见重要病害。初发病时，芝麻茎基部或地下部一侧呈黄色至黄褐色条斑，逐渐凹陷腐烂，后绕茎部扩展，最后茎部缢缩成线状，幼苗折倒。轻病苗有时能恢复生长。苗期降雨多、土壤湿度大，发病严重。

（二）立枯病的防治

1. 苗床消毒　在苗床整畦时，每公顷用 70％敌克松可湿性粉剂 15 千克，对干细土 450 千克，拌匀成药土，播种前撒施于畦内。

2. 种子处理　播种前用种子重量 0.2％的 40％福美双，或 60％多福合剂，或 50％多菌灵可湿性粉剂拌种。

3. 农业防治　选用耐渍性强的品种。与非寄主作物轮作，避免重茬。精细整地，采用高畦栽培，适期播种。雨后及时排出田间积水，降低土壤湿度。及时间苗、中耕，提高土温，增强植株抗病力。

4. 药剂防治　发病初期喷洒药剂防治，每隔 7 天喷洒 1 次，连续喷洒 2～3 次。药剂可选用 50％多菌灵可湿性粉剂 1 000 倍液，或 70％敌克松可湿性粉剂 1 000 倍液，或 75％百菌清可湿性粉剂 600 倍液，或 20％甲基立枯磷乳油 1 000 倍液。

六、叶斑病

（一）叶斑病的发生及危害

芝麻叶斑病又名角斑病、灰斑病、芝麻尾孢灰星病、芝麻蛇眼病。在我国各芝麻产区普遍发生，但危害较轻。后期大量落叶，引

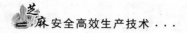

起产量损失（彩图6）。

芝麻叶斑病原菌以菌丝在种子和病残体上越冬，翌春产生新的分生孢子，借风雨传播，花期易染病。

此病常发生于花期，主要危害叶片、茎及蒴果。叶部症状常见有两种：一种叶斑多为直径1～3毫米圆形小斑，中间灰白色，四周紫褐色，病斑背面生灰色霉状物，即病菌分生孢子梗和分生孢子。后期多个病斑融合成大斑块，干枯后破裂，严重的引致落叶。另一种叶斑为蛇眼状病斑，中间生一灰白色小点，四周浅灰色，外围黄褐色，圆形至不规则形，大小3～10毫米。茎部染病产生褐色不规则形斑，边缘明显，湿度大时病部生黑点。蒴果染病生浅褐色至黑褐色病斑，易开裂。该病常与叶枯病混合发生、并行危害，症状各异。

叶斑病始发期在7月上中旬，盛发期在8月中下旬，9月上旬后病害进入末期。芝麻叶斑病发展快慢，与芝麻生长中期降雨量和相对湿度密切相关，雨水偏多，田间空气相对湿度80％以上时病害发展快。早播芝麻发病重，而且病害发展快；晚播的发病轻，病害发展也较慢。因此，夏播芝麻抢时早播时，应注意防治叶斑病。

（二）叶斑病的防治

1. 种子处理　用53℃温水浸种5分钟，晾干后播种。

2. 农业防治　无病田留种，选用无病种子播种。选择排水良好的地块种植芝麻，雨后及时清沟排渍，降低田间湿度。施肥增施磷肥、钾肥或钙肥，可减轻危害。实行轮作，芝麻收获后彻底清除田间病残体。

3. 药剂防治　发病初期喷洒70％甲基硫菌灵可湿性粉剂800倍液，或75％百菌清可湿性粉剂1 000倍液，或50％苯菌灵可湿性粉剂1 500倍液。每隔7～10天喷1次，共喷2～3次。

七、白粉病

（一）白粉病的发生及危害

芝麻白粉病是真菌性病害，分布广泛，在我国的山东、湖南、广西、江西、云南、河南、山西、陕西、湖北、吉林等省（自治区）都有发生（彩图 7），在南方多发生在迟播芝麻或秋芝麻上。芝麻种植密度较大、土壤湿度大时发生，一般危害不大，造成芝麻产量和品质下降，严重时导致绝收。

白粉病主要危害叶片、叶柄、茎及蒴果。病部苍白色，表面覆盖一层白粉物，影响植株光合作用，使植株生长不良，严重时导致叶片枯死脱落、种子瘦瘪、产量下降。该病在南方终年均可发生，无明显越冬期；北方寒冷进区以闭囊壳随病残体在土表越冬。条件适宜时产生子囊孢子进行初侵染，病斑上产出分生孢子借气流传播，进行再侵染。温暖多湿、雾大或露水重易发病。生产上土壤肥力不足或偏施氮肥，易发此病。

（二）白粉病的防治

1. 农业防治 加强田间管理，清沟排渍，降低田间湿度；增施磷钾肥，避免偏施氮肥或缺肥，增强植株抗病力。

2. 化学防治 发病初期喷 25% 三唑酮可湿性粉剂 1 000～1 500倍液，或 60% 多菌灵 2 号可湿性粉剂 800～1 000 倍液，或 50% 硫黄悬浮剂 300 倍液，或 2% 嘧啶核苷类抗菌素（农抗 120）水剂 150～200 倍液，或 40% 氟硅唑乳油 8 000 倍液，或 2% 武夷菌素水剂 150～200 倍液。隔 10～15 天喷 1 次，连续防治 2～3 次。

八、花叶病

（一）芝麻花叶病的发生及危害

芝麻花叶病又称龙头病，是病毒性病害，主要发生在河南、湖北、江西、安徽等芝麻产区，尤以河南最为普遍。我国局部地区的个别年份芝麻花叶病危害较重，如 1984 年曾在河南省驻马店地区大发生；1992 年在全国范围大面积流行，对芝麻生产造成了严重损失。该病常年发病率为 5%～10%（彩图 8）。

病株叶片褪绿程度通常较轻，表现为浅绿与深绿相间的花叶症状，叶片稍皱缩。病叶上常出现 1～3 毫米的黄斑，黄斑凹陷，单个或数个相连，叶脉变黄或褐色坏死。病毒可沿着部分维管束侵染部分叶片或半边叶片。受感染叶片变小、扭曲、畸形，病株茎秆扭

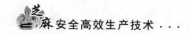

曲，明显矮化。在严重情况下，病株叶片、茎或顶芽出现褐色坏死斑或条斑，最后导致全株死亡。病毒由桃蚜、花生蚜和大豆蚜等进行非持久性传播，也可经汁液传染。

（二）芝麻花叶病的防治

1. 利用抗病毒品种　减轻病毒危害的经济有效措施，当前推广的抗病较强的品种如豫芝 4 号、豫芝 11 号、中芝 7 号、中芝 9 号等。

2. 苗期防治蚜虫，减少病毒传播　即喷施有机磷、菊酯类、病毒 A 等药剂，可以防治蚜虫，预防病毒病发生。

3. 避免与花生邻作或间作　清除芝麻田周围杂草，减少病毒的来源。

九、芝麻黄花叶病

（一）芝麻黄花叶病的发生及危害

芝麻黄花叶病是一种常见的芝麻病毒病害，通常零星发生，但流行年份发病率可达 50% 以上。主要危害芝麻叶部，造成叶片中间或边缘叶绿素减少、叶色黄绿相间的典型黄花叶症状（彩图 9）。

芝麻黄花叶病病毒寄主范围窄，除侵染芝麻外，还可侵染花生、望江南、决明子、绛三叶草和鸭跖草，引致斑驳或花叶。该病毒种传率高达 21.3%，一般为 1%～10%，带毒芝麻种子是主要初侵染源，花生、鸭跖草也是初侵染源之一。通过豆蚜、桃蚜、大豆蚜、洋槐蚜、棉蚜等传毒，且传毒效率较高。此外，麦长管蚜、禾谷缢管蚜、萝卜蚜也能传毒，但传毒率较低。生产上由于种子传毒形成病苗，田间发病早，花生出苗后 10 天即见发病，到花期出现发病高峰，品种间传毒率差异较明显。据研究，该病发生程度与气候及蚜虫发生量呈正相关关系。

病害病株叶片出现黄色与绿色相间的典型黄花叶症状。在田间，病株全株叶片由于均匀褪绿而明显偏黄，有的病株叶尖和叶缘向下卷曲，不脱落。病株生长瘦弱，表现出不同程度矮化。感病早的植株严重矮化。无蒴果或蒴果小而畸形。有些芝麻品种后期表现出病叶黄化、窄小、卷曲或扭曲，茎秆变细，上部病叶易脱落，严重的呈光秆，蒴果小或畸形，基部的腋芽萌发后变为细小的枝或芽。

（二）芝麻黄花叶病的防治

1. 合理轮作　由于芝麻黄花叶病也侵染花生，因此发病重的地区不要与花生邻作或间作。

2. 选用抗病毒病品种　如湖北的八股叉、宿选 5 号、鄂芝 1 号、河南的郑芝 1 号、襄引 55、柳条青、豫芝 4 号、郑芝 98N09、豫芝 11 号、郑芝 13 号等。

3. 化学防治　蚜虫可传播芝麻黄花叶病，注意及时防治芝麻蚜虫。

4. 清除芝麻田周围杂草，减少病毒的来源。

5. 适时晚播，避开蚜虫的迁飞高峰　及时防治蚜虫。

十、芝麻黑斑病

（一）芝麻黑斑病的发生及危害

芝麻黑斑病在我国河北、吉林、辽宁、黑龙江等省均有发生，一般危害不大。感染该病后，芝麻叶片上出现圆形或不规则形病斑，直径 1～10 毫米，褐色或黑褐色，具有同心轮纹。有时也会出现一种小病斑，圆形或近圆形，直径 1～3 毫米，轮纹不明显，边缘暗褐色，稍隆起，内部淡褐色（彩图 10）。

病原菌在病残体上越冬，也可以菌丝潜伏在种子中越冬。芝麻发病后，病斑上形成的分生孢子可借风雨传播，进行再侵染。多雨年份，发病重。芝麻生长期晴雨交替频繁发病也重。连作地及播种早的地块，发病重。

（二）芝麻黑斑病的防治

1. 农业防治　选用抗病品种。避免连作，与禾本科作物轮作 1 年以上。适期播种，雨后及时排出田间积水，降低田间土壤湿度。收获后清除田间病叶。

2. 种子处理　用 50～55℃温水浸种 15 分钟左右，冷却后捞出，晾干播种。

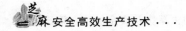

3. 药剂防治　发病初期喷洒 50％多菌灵可湿性粉剂 500 倍液，或 70％代森锰锌可湿性粉剂 500 倍液，或 75％百菌清悬浮剂 1 000 倍液，或 50％异菌脲可湿性粉剂 1 500 倍液。

十一、芝麻轮纹病

（一）芝麻轮纹病的发生及危害

芝麻轮纹病是芝麻上常见病害，在全国芝麻种植区普遍分布，发病主要降低芝麻产量。

该病主要危害叶片，也危害茎秆。叶片上的病斑为圆形，大小 2～10 毫米，中央褐色，边缘暗褐色，有轮纹，其上生有黑褐色小点。芝麻轮纹病与黑斑病的病斑形状相似，都具有轮纹。不同的是，轮纹病病斑上生有许多小黑点，而黑斑病没有（彩图 11）。

该病病原菌以菌丝在种子和病残体上越冬。第二年，越冬菌丝形成分生孢子，借风雨传播进行初侵染和再侵染。温度 20～25℃时，长期阴雨，易导致病害发生。

（二）芝麻轮纹病的防治

1. 农业防治　选用抗病品种。避免连作，与禾本科作物轮作 1 年以上。适期播种，雨后及时排出田间积水，降低田间土壤湿度。收获后清除田间病叶。

2. 种子处理　用 50～55℃温水浸种 15 分钟左右，冷却后捞出，晾干播种。

3. 药剂防治　发病初期喷洒 50％多菌灵可湿性粉剂 500 倍液，或 70％代森锰锌可湿性粉剂 500 倍液，或 75％百菌清悬浮剂 1 000 倍液，或 50％异菌脲可湿性粉剂 1 500 倍液。

第二节　芝麻田主要害虫及防治

一、芝麻螟蛾

（一）芝麻螟蛾的发生及危害

芝麻螟蛾又名芝麻荚野螟，属鳞翅目螟蛾科，危害芝麻，是长江以南芝麻产区的重要害虫。北起江苏、河南，南至台湾、广东、广西、云南，东面滨海，西达四川、云南。国外分布于日本、越南、老挝、缅甸、印度、泰国、斯里兰卡、印度尼西亚及欧洲、非洲（彩图 12）。

芝麻螟蛾幼虫吐丝，缠绕花、叶或钻入花心、嫩茎、蒴果里取食，常把种子吃光，蒴果变黑脱落，植株黄枯。河南、湖北芝麻产区一年发生 4 代，世代重叠。以蛹越冬。成虫体长 7～9 毫米，翅展 18～20 毫米，体灰褐色；前翅浅黄色，翅脉橙红色，内、外横线黄褐色，近前缘具有 3 个不明显的黄褐斑。后翅黄灰色，翅上具有 2 个不大明显的黑斑。卵长 0.4 毫米左右，长圆形，乳白色至粉红色。末龄幼虫体长 16 毫米，头黑褐色，体绿色或黄绿色或浅灰至红褐色。前胸背面具有 2 个黑褐色长斑，中胸、后胸背面各具有 4 个黑色毛疣，腹节背面生有 6 个黑斑。蛹长 10 毫米左右，灰褐色。

成虫活跃，有趋光性，但飞翔力不强，白天隐蔽在芝麻丛中，夜间交配产卵，卵多产在芝麻叶、茎、花、蒴果及嫩梢处，卵经 6～7 天孵化。初孵幼虫取食叶肉或钻入花心及蒴果里危害 15 天左右，老熟幼虫在蒴果中或卷叶内、茎缝间结茧化蛹，蛹期 7 天。

（二）芝麻螟蛾的防治

1. 农业防治　收获后及时清洁田园，消灭越冬蛹。加强田间管理，清除田间及地边杂草。

2. 物理防治　利用黑光灯诱杀成虫。

3. 药剂防治　在幼虫发生初期喷 90％晶体敌百虫 800 倍液，或 2.5％三氟氯氟氰菊酯（功夫乳油）3 000 倍液。

二、芝麻天蛾

（一）芝麻天蛾的发生及危害

芝麻天蛾又名鬼脸天蛾，属鳞翅目天蛾科。危害芝麻、马铃薯、茄子、马鞭草科、豆科、木樨科、唇形科等植物。我国北京、河北、河南、山东、山西、陕西、浙江、江西、湖北、广东、广

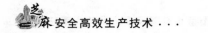

西、云南等省份均有发生（彩图13）。

该虫以幼虫食害叶部，食量很大，严重时可将整株叶片吃光，有时也危害嫩茎和嫩荚，发生数量多时，对产量有很大影响。在河南、湖北等地一年发生1代，江西、广东、广西一年发生2代，海南一年发生3代。各地均以末代蛹在土下6～10厘米深的土室中越冬。成虫体长约50毫米，翅展100～120毫米。头胸部灰黑色，胸部有黑色条纹、斑点及黄色斑组成的骷髅状斑纹。腹部黄色，背线蓝色，各节有黄黑相间横纹，腹面黄色。前翅狭长，棕黑色，翅面混杂有微细白点及黄褐色鳞片，具有数条黑色波状横纹，中室端有一黄圆点。后翅黄色，有2条粗黑褐色横带。卵球形，直径约2毫米，淡黄色。幼龄幼虫体色较淡，头、胸部有明显的淡黄色颗粒。老熟幼虫体长95～115毫米，黄绿色，头部色浅，两侧具有黄、黑纵条。单眼黑色。第1～8腹节具有黄色至灰褐色斜纹，气门黑色，外具黄色环。各腹节有横皱7条，上有蓝点，尾角黄色。蛹长55～60毫米，红褐色，后胸背面有1对粗糙雕刻状纹，腹部5～7节气门各具有1条横沟纹。

成虫昼伏夜出，有趋光性，受惊后，腹部环节间摩擦可吱吱发声。幼虫随龄数的增加有转株危害的习性。卵散产于寄主植物的叶面或叶背。幼龄幼虫晚间取食，白天栖息在叶背；老龄幼虫昼夜取食，常将叶片吃光。老熟后入土化蛹越冬。

（二）芝麻天蛾的防治

1. 农业防治　结合田间管理，人工捕杀幼虫。

2. 物理防治　成虫盛发期设置黑光灯诱杀。

3. 药剂防治　低龄幼虫盛发期喷洒25%灭幼脲3号悬浮剂500～600倍液，或10%吡虫啉可湿性粉剂1 500倍液，或20%杀灭菊酯乳油3 000倍液，或80%敌敌畏乳油1 000～1 500倍液，或90%晶体敌百虫1 500～2 000倍液。采收前7天停止用药。

三、蚜虫

（一）蚜虫的发生及危害

芝麻生产上危害的蚜虫为桃蚜，也称烟蚜，属同翅目蚜虫科，俗称腻虫、蜜虫、油旱等。全国各地均有分布，寄主广泛，约有170种。芝麻上发生很普遍，夏播芝麻产区在旱年发生危害也普遍较重，同时传播病毒病。蚜虫多集中在嫩茎、幼芽、顶端心叶及嫩叶的叶背上和花蕾、花瓣、花萼管及果针上危害。受害后植株生长停滞，叶片卷曲、变小、变厚，影响叶片光合作用和开花结实。成年蚜危害芝麻时，群集在嫩叶背面吸食汁液，致叶片萎蔫卷缩，影响芝麻生长发育，造成不同程度减产（彩图14）。

桃蚜以卵在桃树上越冬。越冬卵的孵化期，黄河以北多在3月中下旬；黄河以南长江以北多在2月下旬至3月上旬；长江以南多在2月上旬至3月上旬。越冬卵孵化为干母，在桃树上繁殖3代，第3代为有翅迁飞蚜，在4—5月迁飞到烟草和其他作物上繁殖。6月中下旬开始危害芝麻，7—8月危害较盛。蚜虫繁殖很快，一般4～7天完成1代，虫口密度剧增，造成蚜虫猖獗发生。7—8月如果雨季来临早，湿度大、气温高，天敌增多，田间蚜虫数量就少，蚜虫隐蔽在比较阴凉的场所生活。大气相对湿度是决定蚜虫能否大发生的主导因素。在适宜温度（15～24℃）范围内，相对湿度在60％～70％时有利于蚜虫的繁殖危害。相对湿度超过80％或低于50％对蚜虫繁殖有明显抑制作用。盛发期如遇阴雨连绵，蚜虫会急剧减少，天敌也可显著影响蚜虫数量的消长。

（二）蚜虫的防治

1. 在芝麻栽培区，必要时防治越冬期桃树上的芝麻蚜，在冬初或春季往桃树上喷洒40％乐果乳油1 500倍液。如能做到成片大面积联防，对压低虫源有作用。

2. 芝麻田危害初期及时喷洒40％乐果乳油1 500倍液，或50％马拉硫磷乳油1 500倍液，或10％吡虫啉（一遍净）可湿性粉剂2 500～3 500倍液。

四、短额负蝗

（一）短额负蝗的发生及危害

短额负蝗又名中华负蝗、尖头蚱蜢、括搭板，属直翅目蝗科。

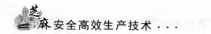

除新疆、西藏外，国内各省区均有分布。危害大豆、花生、芝麻、水稻、麦类、烟草、蔬菜等 100 余种植物（彩图 15）。

短额负蝗成虫及若虫取食叶片，形成缺刻和孔洞，影响作物生长发育。东北地区每年发生 1 代，华北地区每年发生 1～2 代，长江流域每年发生 2 代。以卵在沟边土中越冬。华中 4 月开始发生危害。华北地区 5 月中下旬至 6 月中旬幼虫大量出现，7—8 月羽化为成虫。东北 8 月上中旬可见大量成虫。

（二）芝麻天蛾的防治

1. 农业防治 短额负蝗发生严重的地区，在秋、春季结合农田基本建设，铲除田埂、渠堰两侧 5 厘米以上的土及杂草，把卵块暴露在地面晒干或冻死，也可重新加厚地埂，增加盖土厚度，使孵化后的蝗蝻不能出土。

2. 药剂防治 抓住初孵蝗蝻在地埂、渠堰集中危害双子叶杂草、扩散能力极弱的特点，在 3 龄前及时进行药剂防治。喷敌马粉剂 22.5～30 千克/公顷，或 40% 敌马合剂乳油 2 000～3 000 倍液喷雾，或 20% 氰戊菊酯乳油 2 000 倍液，或 2.5% 溴氰菊酯乳油 1 500 倍液，或 2.5% 功夫乳油 2 000 倍液，或 50% 辛硫磷乳油 1 500 倍液，或 50% 马拉硫磷乳油 1 000 倍液，或 40% 毒死蜱乳油 1 000 倍液喷雾。每隔 5～7 天防治 1 次，连续 2～3 次。田间喷药时，药剂不但要均匀喷洒到作物上，而且要对周围的其他作物及杂草进行喷药。

五、蟋蟀

（一）蟋蟀的发生及危害

蟋蟀俗称促织、蛐蛐儿、蟀子，是直翅目昆虫，啃食植物茎叶、种实和根部，是农业害虫（彩图 16）。

蟋蟀通常 1 年发生 1 代，以卵在泥土中越冬。若虫共 6 龄，4 月下旬至 6 月上旬若虫孵化出土，7—8 月为大龄若虫发生盛期。8 月初成虫开始涌现，9 月为发生盛期。10 月中旬成虫开始死亡，个别成虫可存活到 11 月上中旬。气候条件是影响蟋蟀发生的重要因素。通常 4—5 月雨水多，土壤湿度大，有利于若虫的孵化出土。5—8 月经常有大雨或暴雨，不利于若虫的生存。

蟋蟀为杂食性昆虫，啃食芝麻植株的幼苗，新出的幼苗子叶被吃光，细茎被咬断，造成缺苗断垄，甚至全田被毁重播。6 月中下旬至 7 月上旬的夏芝麻苗期是蟋蟀大龄若虫发生盛期，9—10 月是蟋蟀成虫的发生盛期，这两个时期是蟋蟀的主要危害期。啃食芝麻茎、叶、蒴果和根部，造成芝麻倒伏。尤其是近年来，随着免耕直播面积的扩大，蟋蟀危害程度加重。

（二）蟋蟀的防治

1. 翻土埋卵 蟋蟀通常将卵产于 1～2 厘米的土层中，冬春季耕翻地，将卵深埋于 10 厘米以下的土层，若虫难以孵化出土，可显著降低卵的有效孵化率。

2. 堆草诱杀 蟋蟀若虫和成虫白天有明显的隐藏习惯，在玉米田间或地头设置一定数量 5～15 厘米厚的草堆，可大批诱集幼、成虫，集中捕杀，具备较好的节制效果。

3. 药剂防治 玉米田蟋蟀发生密度大的地块，可用 50% 辛硫磷等稀释 1 500～2 000 倍液喷雾。或采取麦麸毒饵，用 750 克上述药液加少量水稀释后拌 75 千克麦麸，每公顷撒施 15～30 千克；鲜草毒饵用 750 克药液加少量水稀释后拌 300～375 千克鲜草撒施玉米田。因为蟋蟀活动性强，迁移速度快，防治蟋蟀时应留意连片统一防治，否则难以获取理想的防治效果。

六、蝼蛄

（一）蝼蛄的发生及危害

1. 华北蝼蛄（彩图 17） 属直翅目蝼蛄科。别名单刺蝼蛄、大蝼蛄、拉拉蛄、地拉蛄、土狗子、地狗子。主要分布在北纬 32°以北地区。

华北蝼蛄 3 年左右完成 1 代。北京、山西、河南、安徽以 8 龄以上若虫或成虫越冬，翌春成虫开始活动，6 月开始产卵，6 月中下旬孵化为若虫，进入 10—11 月以 8～9 龄若虫越冬。第二年越冬若虫于 4 月上中旬活动，经 3～4 次蜕皮，到秋季以大龄若虫越冬，第三年春又开始活动，8 月上中旬若虫老熟后，最后再蜕一次皮羽化为成虫，补充营养后又越冬，直到第四年。该虫完成 1 代共 1 131 天，其中卵期 11～23 天，若虫 12 龄历期 736 天，成虫期 378 天。3—4 月黄淮海地区 20 厘米土温达 8℃即开始活动，交配后在土中 15～30 厘米处做土室，雌虫把卵产在土室中，产卵期 1 个月，产 3～9 次，每只雌虫平均卵量 288～368 粒，雌虫守护到若虫 3 龄后，成虫夜间活动，有趋光性。

4—11 月危害芝麻等多种农作物播下的种子和幼苗。成虫、若虫均在土中活动，取食播下的种子、幼芽或将幼苗咬断致死，受害的植株根部呈乱麻状。由于蝼蛄的活动使表土层产生许多隧道，使苗根脱离土壤，致使芝麻幼苗因失水而枯死，严重时造成缺苗断垄。在温室条件下，由于气温高，蝼蛄活动早，加之幼苗集中，受害更重。

2. 东方蝼蛄（彩图 18） 属直翅目蝼蛄科。别名非洲蝼蛄、小蝼蛄、拉拉蛄、地拉蛄、土狗子、地狗子、水狗。我国从 1992 年称之为东方蝼蛄，全国各地均有分布。

东方蝼蛄在北方地区 2 年发生 1 代，南方地区 1 年 1 代，以成虫或若虫在地下越冬。清明后上升到地表活动，在洞口可顶起一小虚土堆。5 月上旬至 6 月中旬是蝼蛄最活跃的时期，也是第一次危害高峰期，6 月下旬至 8 月下旬，天气炎热，转入地下活动，6—7 月为产卵盛期。9 月气温下降，东方蝼蛄再次上升到地表，形成第二次危害高峰，10 月中旬以后，陆续钻入深层土中越冬。东方蝼蛄昼伏夜出，以夜间 9—11 时活动最盛，特别在气温高、湿度大、闷热的夜晚，大量出土活动。早春或晚秋因气候凉爽，仅在表土层活动，不到地面上，在炎热的中午常潜至深土层。东方蝼蛄具趋光性，并对香甜物质，如半熟的谷子、炒香的豆饼、麦麸以及马粪等有机肥，具有强烈趋性。成、若虫均喜松软潮湿的壤土或沙壤土，20 厘米表土层含水量达 20％以上最适宜，小于 15％时活动减弱。当气温在 12.5～19.8℃、20 厘米土温为 15.2～19.9℃

时，对东方蝼蛄最适宜，温度过高或过低时，东方蝼蛄则潜入深层土中。

东方蝼蛄危害芝麻造成枯心苗，导致芝麻茎基部被咬，严重的会被咬断，呈撕碎的麻丝状，心叶变黄枯死，受害植株易拔起，茎上无蛀孔、无虫粪。东方蝼蛄还有与华北蝼蛄类似的危害特点，参见华北蝼蛄。

（二）蝼蛄的防治

1. 农业防治　深翻土壤、精耕细作造成不利于蝼蛄生存的环境，可减轻危害；夏收后，及时翻地，破坏蝼蛄的产卵场所；施用腐熟的有机肥料，不施用未腐熟的肥料；在蝼蛄危害期，追施碳酸氢铵等化肥，挥发出的氨气对蝼蛄有一定驱避作用；秋收后，进行大水灌地，使向深层迁移的蝼蛄被迫向上迁移，在结冻前深翻，把翻上地表的害虫冻死；实行合理轮作，改良盐碱地，有条件的地区实行水旱轮作，可消灭大量蝼蛄、减轻危害。

2. 灯光诱杀　蝼蛄发生危害期，在田边或村庄利用黑光灯、白炽灯诱杀成虫，以减少田间虫口密度。

3. 人工捕杀　结合田间操作，对新拱起的蝼蛄隧道，采用人工挖洞捕杀虫、卵。

4. 药剂防治　当田间每平方米有蝼蛄 0.3～0.5 头或 0.5 头以上时，即应该进行防治。

（1）播种时施用毒谷　可用 50%辛硫磷乳油 1 500 毫升/公顷，对水 30～45 千克，拌麦种 750 千克，拌后堆闷 2～3 小时，对蝼蛄、蛴螬、金针虫防效好。

（2）种子处理　播种前，用 50%辛硫磷乳油按种子重量 0.1%～0.2%拌种，堆闷 12～24 小时后播种。

（3）毒饵诱杀　一般把麦麸等饵料炒香，每公顷用饵料 60～75 千克，加入 90%敌百虫的 30 倍水溶液 2 250 毫升左右，再加入适量的水拌匀成毒饵，于傍晚撒于苗圃地面，施毒饵前先灌水，保持地面湿润，效果好。

（4）土壤处理　当菜田蝼蛄危害严重时，每公顷用 3%辛硫磷

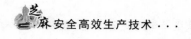

颗粒剂 22.5～30 千克，对细土 225～450 千克混匀撒于地表，在耕耙或栽植前沟施毒土。若苗床受害严重时，用 80％敌敌畏乳油 30 倍液灌洞灭虫。

（5）生育期间　可用 50％辛硫磷乳油 2 000 倍液浇灌。

七、蛴螬

（一）蛴螬的发生及危害

蛴螬（彩图 19）是鞘翅目金龟甲总科幼虫的总称。金龟甲按其食性可分为植食性、粪食性、腐食性三类。植食性种类中以鳃金龟科和丽金龟科的一些种类普遍危害较重。蛴螬大多食性极杂，同一种蛴螬不仅危害芝麻而且常可危害多种蔬菜、油料、芋、棉、牧草、花卉、果树和林木等播下的种子及幼苗。

蛴螬年生代数因种、因地而异。这是一类生活史较长的昆虫，一般 1 年 1 代，或 2～3 年 1 代，长者 5～6 年 1 代。如大黑鳃金龟 2 年 1 代，暗黑鳃金龟、铜绿丽金龟 1 年 1 代，小云斑鳃金龟在青海 4 年 1 代，大栗鳃金龟在四川甘孜地区则需 5～6 年 1 代。蛴螬共 3 龄。1～2 龄期较短，3 龄期最长。蛴螬终生栖生土中，其活动主要与土壤的理化特性和温、湿度等有关。一年中蛴螬活动最适的土温平均为 13～18℃，高于 23℃，即逐渐向深土层转移，至秋季土温下降到其活动适宜范围时，再移向土壤上层。因此，蛴螬对果园苗圃、幼苗及其他作物的危害主要是春秋两季最重。蛴螬幼虫终生栖居土中，喜食刚刚播下的种子、根、茎以及幼苗等，造成缺苗断垄。成虫则喜食叶片和花器。蛴螬是一类分布广、危害重的害虫。

（二）蛴螬的防治

1. 虫情预测测报　调查虫口密度，掌握成虫发生盛期及时防治成虫。

2. 农业防治　应抓好蛴螬的防治，如大面积秋、春耕，并随犁拾虫；避免施用未腐熟的厩肥，减少成虫产卵；合理灌溉，即在蛴螬发生严重的地块，合理控制灌溉，或及时灌溉，促使蛴螬向土层深处转移，避开幼苗最易受害时期。

3. 土壤处理　如每公顷用 50％辛硫磷乳油 3 000～3 750 克，加水 10 倍，喷于 375～450 千克细土上拌匀成毒土，顺垄条施，随即浅锄，或以同样用量的毒土撒于种沟或地面，随即耕翻，或混入厩肥中施用，或结合灌水施入；或用 5％辛硫磷颗粒剂，或 5％二嗪磷（地亚农）颗粒剂，每公顷 37.5～45 千克处理土壤，都能收到良好效果，并兼治金针虫和蝼蛄。

4. 药剂处理种子　当前用于拌种用的药剂主要有 50％辛硫磷，其用量一般为药剂（1）：水（30～40）：种子（400～500）；也可用 25％辛硫磷胶囊剂等有机磷药剂。

5. 使用毒饵　每公顷用 25％辛硫磷胶囊剂 2 250～3 000 克拌谷子或麦麸等饵料 75 千克左右，或 50％辛硫磷乳油 750～1 500克拌饵料 45～60 千克，撒于种沟中，兼治蝼蛄、金针虫等地下害虫。

第三节　芝麻田主要杂草及防治

一、芝麻田间主要杂草种类

（一）马唐

马唐别名抓地龙（彩图 20）。苗期 4—6 月，花果期 6—11 月。种子繁殖，边成熟边脱落，繁殖力极强。秋熟旱作地恶性杂草。发生数量、分布范围在旱地杂草中均居首位，以芝麻生长的前中期危害为主。

一年生杂草。秆直立或下部倾斜，高 10～80 厘米，直径 2～3 毫米，无毛或节生柔毛。叶鞘短于节间，无毛或散生疣基柔毛；叶舌长 1～3 毫米；叶片线状披针形，长 5～15 厘米，宽 4～12 毫米，基部圆形，边缘较厚，微粗糙，具柔毛或无毛。总状花序长 5～18 厘米，4～12 枚成指状着生于长 1～2 厘米的主轴上；穗轴直伸或开展，两侧具宽翼，边缘粗糙；小穗椭圆状披针形，长 3.0～3.5 毫米；第一颖小，短三角形，无脉；第二颖具 3 脉，披针形，长为小穗的 1/2 左右，脉间及边缘大多具柔毛；第一外稃等长于小穗，具 7 脉，中脉平滑，两侧的脉间距离较宽，无毛，边脉上具小刺状粗糙，脉间及边缘生柔毛；第二外稃近革质，灰绿色，顶端渐尖，等长于第一外稃；花药长约 1 毫米。

马唐在低于 20℃时，发芽慢，25～40℃发芽最快，种子萌发最适相对湿度 63％～92％，最适深度 1～5 厘米。喜湿喜光，潮湿多肥的地块生长茂盛，4 月下旬至 6 月下旬发生量大，8—10 月结籽，种子边成熟边脱落，生活力强。成熟种子有休眠习性。

（二）马齿苋

马齿苋别名马齿菜、马蛇子菜、马菜（彩图 21）。春、夏季都有幼苗发生，盛夏开花，夏末秋初果熟。在土壤肥沃的蔬菜地、芝麻、大豆、棉花等地块危害严重，为秋熟旱作田的主要杂草。一年生草本植物，全株无毛。茎平卧或斜倚，伏地铺散，多分枝，圆柱形，长 10～15 厘米淡绿色或带暗红色。茎紫红色，叶互生，有时近对生，叶片扁平，肥厚，倒卵形，似马齿状，长 1～3 厘米，宽 0.6～1.5 厘米，顶端圆钝或平截，有时微凹，基部楔形，全缘，上面暗绿色，下面淡绿色或带暗红色，中脉微隆起。叶柄粗短。

花无梗，直径 4～5 毫米，常 3～5 朵簇生枝端，午时盛开；苞片 2～6 片，叶状，膜质，近轮生；萼片 2 片，对生，绿色，盔形，左右压扁，长约 4 毫米，顶端急尖，背部具龙骨状凸起，基部合生；花瓣 5 片、稀 4 片，黄色，倒卵形，长 3～5 毫米，顶端微凹，基部合生；雄蕊通常 8 个或更多，长约 12 毫米，花药黄色；子房无毛，花柱比雄蕊稍长，柱头 4～6 裂，线形。

蒴果卵球形，长约 5 毫米，盖裂；种子细小，多数偏斜球形，黑褐色，有光泽，直径不及 1 毫米，具有小疣状凸起。花期 5—8 月，果期 6—9 月。

（三）苍耳

苍耳别名菜耳、虱马头、苍耳子、老苍子等（彩图 22）。

苍耳是一年生草本植物，高 20～90 厘米。全株都有毒，果实和种子毒性较大。原产于美洲和东亚，广泛分布于欧洲大部和北美洲部分地区，中国各地广泛分布，多生于山坡、草地、路旁。根纺锤状，分枝或不分枝均有。茎直立不分枝或少有分枝，下部圆柱形，直径4～10毫米，上部有纵沟，被灰白色糙伏毛。叶三角状卵形或心形，长4～9厘米，宽5～10厘米，与叶柄连接处成相等的楔形，边缘有不规则的粗锯齿，有三基出脉，侧脉弧形，直达叶缘，脉上密被糙伏毛，上面绿色，下面苍白色；叶柄长3～11厘米。雄性的头状花序球形，雌性的头状花序椭圆形，外层总苞片小，披针形，内层总苞片结合成囊状，宽卵形或椭圆形，绿色、淡黄绿色或有时带红褐色。瘦果，倒卵形。花期7—8月，果期9—10月。

（四）反枝苋

反枝苋别名西风谷、野苋菜、人苋菜，属苋科一年生草本植物，高20～80厘米，有时达1米多（彩图23）。茎直立，粗壮，单一或分枝，淡绿色，有时具有紫色条纹，梢具钝棱，密生短柔毛。叶片菱状卵形或椭圆状卵形，顶端锐尖或尖凹，有小凸尖，基部楔形，全缘或波状缘，两面及边缘有柔毛，下面毛较密；淡绿色，有时淡紫色，有柔毛。圆锥花序顶生及腋生，直立，胞果扁卵形，环状横裂，薄膜质，淡绿色，包裹在宿存花被片内。种子近球形，棕色或黑色，边缘钝。花期7—8月，果期8—9月。

（五）牛筋草

牛筋草别名蟋蟀草（彩图24），一年生草本植物。5月初出苗，并很快形成第一次出苗高峰，而后于9月出现第二次高峰。颖果于7—10月陆续成熟，边成熟边脱落，种子经冬季休眠后萌发，种子繁殖。多生长于荒芜之地、田间、路旁，为秋熟旱作物田危害较重的恶性杂草，尤以棉田危害严重，也危害果园、桑园。

（六）狗尾草

狗尾草别名狗尾巴草、谷莠子、莠。属禾本科狗尾草属一年生草本植物。4—5月出苗，5月中下旬形成高峰，以后随降雨和灌水还会出现小高峰，7—9月陆续成熟，种子经冬眠后萌发，种子繁殖。荒野、路边等生境发生最多，为秋熟旱作地主要杂草之一。对玉米、芝麻、大豆、谷子、高粱、马铃薯、甘薯和果、桑、茶园则发生危害更甚。狗尾草根为须状，高大植株具有支持根。秆直立或基部膝曲，高 10～100 厘米，基部直径达 3～7 毫米。叶鞘松弛，无毛或疏具柔毛或疣毛，边缘具有较长的密绵毛状纤毛（彩图 25）。

（七）香附子

香附子别名莎草、香头草，多年生草本植物（彩图 26）。4 月发芽出苗，6—7 月抽穗开花，8—10 月结籽成熟。多以块茎繁殖。为秋熟旱作地常见杂草。喜生于疏松性土壤上，于沙土地发生较为严重，严重影响作物的前期生长发育。分布遍及全国各地，也是世界广布性的重要杂草。

（八）菟丝子

菟丝子又名吐丝子、菟丝实、无娘藤、无根藤、菟藤、菟缕、野狐丝、豆寄生、黄藤子、萝丝子等，是一年生寄生草本植物（彩图 27）。植株十分茂盛，茎缠绕，黄色，纤细，直径约 1.5 毫米，多分枝，随处可生出寄生根，伸入寄主体内。叶稀少，鳞片状，三角状卵形，花两性。

二、芝麻田间杂草的防治

芝麻田的杂草种类较多，而且因种植地区不同而存在差异。芝麻 6 月中、上旬播种时，正值高温多雨，杂草萌发较快、生长迅速，遇到连续阴雨极易造成草荒；加之芝麻种子粒小，芝麻幼苗期生长缓慢，往往因竞争不过杂草而引起严重草害，减产一般在 15％～30％，重者可导致绝收。若苗期杂草得到有效控制，到 7 月中下旬后，芝麻进入快速旺长期，由于芝麻的植株高、密度大，对下面的后生杂草有很强的密闭和控制作用，杂草就不易造成明显危害。因此，芝麻田化学除草的关键是要强调一个"早"字，必须在杂草萌芽时或 4 叶期以前将其杀死，这样才能避免杂

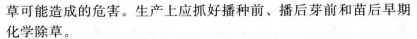

草可能造成的危害。生产上应抓好播种前、播后芽前和苗后早期化学除草。

(一)芝麻田播种前杂草防治技术

由于芝麻粒小、播种浅，很多种封闭型除草剂对芝麻产生药害，生产上应慎重使用除草剂品种和用量。

在芝麻播种前，可以用48%氟乐灵乳油1 500～1 800毫升/公顷（黏质土及有机质含量高的田块用180～2 625毫升/公顷），或用48%地乐胺乳油1 500～1 800毫升/公顷（黏质土及有机质含量高的田块用2 250～3 000毫升/公顷），加水600～750千克/公顷配成药液喷于土表，并随即混入浅土层中，干旱时要镇压保墒。施药后3～5天播种芝麻。

(二)芝麻田播后苗前防治技术

封闭除草剂主要靠位差选择性以保证对芝麻的安全性，生产上应注意适当深播；同时，施药时要注意天气预报，如有降雨、降温等。田间持续低温或高温情况，也易于发生药害。因此芝麻杂草防治的策略主要是控制前期草害，芝麻田中后期生长高大密闭，植株自身具有较好的控草作用，所以芝麻田除草剂用药量不宜太高。除草剂种类和施药方法如下：

用33%二甲戊乐灵乳油，以1 500～2 250毫升/公顷，对水600千克/公顷均匀喷施，可以有效防治多种一年生禾本科杂草和藜、苋、苘麻阔叶杂草，对马齿苋和铁苋也有一定的防治效果。施药时一定要视条件调控药量，切忌施药量过大。

选用20%萘丙酰草胺乳油3 750～4 500毫升/公顷、50%乙草胺乳油1 500～1 800毫升/公顷、72%异丙甲草胺乳油1 800～2 250毫升/公顷、72%异丙草胺乳油1 800～2 250毫升/公顷，对水600千克/公顷均匀喷施，可以有效防治多种一年生禾本科杂草和部分一年生阔叶杂草。药量过大、田间过湿，特别是在持续低温多雨条件下芝麻苗可能会出现暂时的矮化、粗缩，多数能恢复正常生长；但严重时，会出现死苗现象。

对于一些长期施用除草剂的芝麻田，田间铁苋、马齿苋等阔叶杂草较多，可以选用33％二甲戊乐灵乳油 1 125～1 500 毫升/公顷、20％萘丙酰草胺乳油 2 250～3 000 毫升/公顷、50％乙草胺乳油 750～1 125 毫升/公顷、72％异丙甲草胺乳油 1 800～2 250 毫升/公顷、72％异丙草胺乳油 1 800～2 250 毫升/公顷加上25％绿麦隆可湿性粉剂 750～1 125 克/公顷或 25％敌草隆可湿性粉剂 750～1 125 克/公顷，对水 600 千克/公顷均匀喷施，可以有效防治多种一年生禾本科杂草和部分阔叶杂草。因为该方法大大降低了单一药剂的用量，所以对芝麻的安全性也大幅提高。生产中要均匀施药，应先试验比较，不宜随便改动配比，否则易发生药害。

（三）芝麻生长期杂草防治技术

对于前期未能采取有效的杂草防治措施，苗后应及时进行化学除草。施用时期宜在芝麻封行前、杂草 3～5 叶期，选用 5％精喹禾灵乳油 750～1 125 毫升/公顷、10.5％高效吡氟氯禾灵乳油 600 毫升/公顷、35％吡氟禾草灵乳油或 15％精吡氟禾草灵乳油 750～1 125毫升/公顷、12.5％烯禾啶机油乳剂 750～1 125 毫升/公顷，对水 375～450 千克/公顷配成药液喷于茎叶。这些除草剂均可用于防治禾本科杂草，对阔叶杂草基本无效。土壤水分适宜、杂草生长茂盛时防效较好。

（四）施药过程中的注意事项

无论是防治禾本科杂草或是阔叶型杂草，在喷药过程中，注意事项为：一是土壤墒情要足，墒情较差时要增加施药量；二是土壤黏重的大田也要适当增加用药量；三是防除茎叶杂草，要选择在 3～5 叶期，苗龄较长的也要增加用药量。

（五）芝麻地常用的化学除草剂简介

1. 甲草胺　商品名有拉索、灭草胺、草不绿、杂草锁等，为选择性苗前土壤处理剂。能防除一年生禾本科和部分阔叶杂草，如马唐、稗草、狗尾草、蟋蟀草、黍、苋、马齿苋等，对藜、蓼、龙葵、扛板归、黄花稔等效果较差，对田蓟、田旋花等无效。在芝麻田的使用方法是：每公顷用 48％甲草胺乳油 3 000～

6 750 毫升，对水 750～1 125 千克于芝麻播种后出苗前均匀喷洒于地面。使用甲草胺 15 天内无降水时，应进行浇水或浅混土。

2. 乙草胺　商品名为禾耐斯，杀草谱与甲草胺基本相同。每公顷可用 50％乙草胺乳油 1 350 毫升对水 450～675 千克，在播种后出苗前进行土壤喷雾处理。尽量与防除阔叶杂草的除草剂量混用，以扩大杀草谱。

3. 异丙甲草胺　商品名有都尔、杜尔、异丙甲草胺、稻乐思、屠莠胺，为选择性苗前土壤处理除草剂。异丙甲草胺不仅能像甲草胺那样防除一年生禾本科杂草，还对马齿苋、苋、蓼、藜等阔叶杂草也有一定防效。使用时每公顷用 72％都尔乳油 1 500～2 250 毫升加水后喷雾处理。

4. 高效盖草能　可防除稗草、马唐、千金子、牛筋草、狗尾草、看麦娘等禾本科杂草，对双子叶杂草基本无效。

5. 氟乐灵　可防除马唐、牛筋草、狗尾草、稗草、繁缕、马齿苋、蓼等杂草。使用时可于播前或播后苗前进行土壤处理，每公顷用 48％氟乐灵乳油 1 500～2 250 毫升，对水 750 千克进行喷雾处理。

第四节　芝麻安全用药技术

一、芝麻安全用药原则

近年来，随着农业种植结构的调整，芝麻与多种作物间作套种面积迅速扩大，复种指数逐年提高，致使芝麻等农作物病草害的发生与危害逐年加重，造成农药施用量与施用面积成倍增加，有效天敌遭到杀伤，生态环境受到破坏，人民群众身体健康受到威胁。因此，科学合理使用农药对农业增产增收和提高人们生活质量具有非常重要的意义。发展芝麻安全生产必须注意把握科学用药的七个原则：

1. 适时用药原则　各种病虫害的发生都有一定规律，只有抓住有利时机，才能充分发挥农药的效力，确保芝麻免遭危害。对于病害要掌握在发病初期进行防治，对于虫害要掌握在幼虫的低龄期防治，也要考虑农药的性能和天敌等因素，应尽量避开天敌出现的高峰期施药，减少农药对天敌的危害。芝麻在不同生长发育阶段对农药反应不同，抗药力不同，幼苗期、现蕾期、初花期、盛花期、终花期及成熟期对农药敏感度不同，幼苗期易产生药害，施药时应适当降低浓度。

2. 对症下药原则　各种农药都有一定的防治范围，应针对不同防治对象，选用合适的药剂进行防治，才能收到应有的防治效果。例如对于蚧、蚜、螨类等刺吸式害虫，用内吸性的有机磷杀虫剂防治效果良好；对白粉病、叶斑病的防治，用三唑酮、甲基硫菌灵；对地下害虫，可用辛硫磷、溴氰菊酯等。对于一些生理性的病害，如枯叶、烂根等，要弄清原因，采取相应防御措施，不必盲目用药。

3. 适量用药原则　必须处理好浓度、用药量和施药次数 3 个问题。各种防治对象所使用药剂的浓度和剂量，是根据药效试验结果而确定的。单位面积施药浓度过大或用药量过多，不仅造成浪费，而且还可伤害芝麻和害虫天敌；反之，单位面积施药浓度太低或用药量不足，又不能达到防治目的，同样造成人力物力的浪费，甚至会引起病虫抗药性的产生。用药次数应根据病虫发生期的长短、发生数量的多少及药剂持效期的长短而定，一般来说，病虫发生期长、发生数量大，应增加用药次数。配制农药时必须按照使用说明书准确计算，严格称量。药液要随配随用，不可久存，否则会产生沉淀或变质。

4. 合理施药原则　每一种农药剂型都有它的特点。粉剂防治速度快，乳剂防治效果好，微乳剂、颗粒剂对环境污染小、对天敌影响小，缓释剂可延缓药效。不同的剂型有不同的施药方法，如喷粉、喷雾、熏蒸、毒土等，具体采用哪种施药方法要视病虫害情况及具体条件确定。防治一般食叶害虫时，多采用喷粉或喷雾的形式，一般是触杀、胃毒剂，由于没有内吸性，就要求喷药细致、周到。凡可利用种苗处理、土壤处理、毒饵或性引诱剂诱杀来防治害虫的，要尽量采用。为了避免对环境污染，保护好害虫天敌和芝麻安全，一般以采用低容量和超低容量喷雾或撒施颗粒为好。

5. 混合用药原则 合理地混合使用农药，具有防治多种病虫害，提高防效、节省劳力、降低成本等优点，但农药不能随意混用，否则，不但达不到混用效果，还会引起芝麻药害和毒害加重。农药混用要遵循下面原则：一是混合后不发生不良的物理化学变化，对遇碱性物质分解失效的农药，不能与碱性农药混用，可湿性粉剂不能与乳剂农药混用；二是混合后对芝麻无不良影响；三是混合后应该是提高了混合药液的药效，至少不应降低药效；四是药剂混合后不能增加毒性；五是混合后使用成本不会增加。

6. 轮换用药原则 长期使用一种农药，病虫就会产生抗药性，造成防效下降。因此，不要发现某种农药效果好就长期使用，即使发现防效已下降，也不更换品种，而采用加大剂量的方法，结果药量越大，病虫抗性越强，继而再加大药量，造成恶性循环。要注意因地、因时、因病虫制宜，农户可根据防治对象采用3～4种不同剂型和杀虫机理的农药交替轮换使用。

7. 安全用药原则 农药的安全使用，既要对人畜安全，又要防止芝麻药害的产生。要严格执行农药使用安全间隔时间和芝麻收获安全间隔时间。农药使用安全间隔时间，一般以气温高时7～10天，气温低时10～15天为宜；芝麻收获安全间隔时间，一般在收获前15～20天，在安全间隔时间内禁止使用任何农药。

此外，还要考虑到用药时环境条件对药效的影响，例如温度的影响。一般药剂在一定温度范围内，温度升高，药效提高，如敌敌畏等一类有机磷杀虫剂基本属此例。但也有少数药剂，温度升高，药效反而降低，如溴氰菊酯、氰戊菊酯等农药，在气温20℃时使用比30℃时更好。风的影响也较大，以微风（1米/秒以内）时进

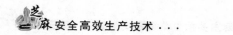

行超低容量喷雾为宜。风大时，不宜喷药。湿度、降雨、光照、土质等因素对药效都有影响，使用时要注意。

二、杀虫剂安全使用技术

芝麻生产中存在的害虫主要有小地老虎、蝼蛄、金龟子、金针虫、桃蚜、甜菜夜蛾、芝麻鬼脸天蛾、盲蝽、芝麻荚野螟、短额负蝗、棉铃虫、蓟马等。

在芝麻虫害的综合防治中，化学防治仍然占有重要的位置。它具有防治简便、快捷高效、适应范围广和便于机械化作业的特点，在防治大面积暴发和暴食阶段的害虫方面是最直接最有效的手段。使用化学农药防治虫害，是综合防治体系的重要一环。在芝麻无公害栽培中，应当充分发挥其他综合防治措施的作用，稳妥地使用化学药剂，选择高效、低毒、低残留、易降解和衰减的农药。目前我国在开发引进高效、低毒、低残留农药方面取得了很大成功，除虫菊酯类、甲霜·锰锌（瑞毒霉）、福美双、抗蚜威、速灭威、辛硫磷、硫悬浮等高效低毒、低残留农药被广泛应用，还研制成功了一大批新型农药。

害虫对药剂的抗药性是经常出现的，在使用农药时应注意交替使用，以延长农药的使用寿命。严格执行农药的安全间隔期是芝麻安全栽培中必须坚持的一个方面，也是芝麻安全栽培成功与否的关键。

芝麻虫害防治过程中所用的杀虫剂（表3-1）按作用方式可分为以下五类：

1. 胃毒剂 只有被昆虫取食后经肠道吸收到达靶标，才可起到毒杀作用的药剂，如砷酸钙、敌百虫等。胃毒剂适用于防治咀嚼式口器的害虫，如黏虫、蝼蛄等，也适用于防治虹吸式及舐吸式等口器的害虫。

2. 触杀剂 药剂通过接触害虫的体壁渗入虫体，使害虫中毒死亡，如辛硫磷等。目前使用的杀虫剂大多数属于此类，对各类口器的害虫都适用，但对体被蜡质等保护物的害虫（如蚧、粉虱等）

效果不佳。

3. 内吸剂　药剂通过植物的叶、茎、根或种子被吸收进入植物体内或萌发的苗内，并且能在植物体内输导、存留，或经过植物的代谢作用而产生更毒的代谢物，使害虫取食后中毒死亡。实质上是一类特殊的胃毒剂，如吡虫啉等。一般情况下，内吸剂对刺吸式口器害虫效果较好。

4. 拒食剂　药剂可影响昆虫的味觉器官，使其厌食或宁可饿死而不取食（拒食），最后因饥饿、失水而逐渐死亡，或因摄取营养不足而不能正常发育，如拒食胺、印楝素、川楝素等。印楝素用量在 0.02～0.1 微克/毫升时对多种害虫如鳞翅目、直翅目等有效。

5. 引诱剂　使用后依靠其物理、化学作用（如光、颜色、气味、微波信号等）可将害虫诱聚而利于歼灭的药剂，如糖醋加敌百虫做成毒饵，以诱杀黏虫等。

表 3-1　芝麻杀虫剂安全使用标准

农药名称（通用名、商品名）	含量、剂型	稀释倍数	施用方法	每季最多使用次数	安全间隔期（天）
阿维菌素（杀虫素）	1.8%EC	3 000～5 000	喷雾	1	7
多杀霉素（菜喜）	2.5%SC	1 000	喷雾	1	1
虫螨腈（除尽）	10%SC	1 000～2 000	喷雾	2	14
苏云金杆菌（苏特灵）	8 000 微克/毫升	400～1 000	喷雾	3	1～2
定虫隆（抑太保）	5%EC	1 000～2 000	喷雾	3	7
氟虫脲（卡死克）	5%EC	1 000～1 500	喷雾	1	10
苦参碱	0.36%WG	500～800	喷雾	2	2
吡虫啉·阿维菌素（捕快）	1.5%WP	1 000～1 500	喷雾	2	5
阿维菌素·甲氰菊酯（百得利）	2.5%EC	1 000～1 500	喷雾	1	5

（续）

农药名称 （通用名、商品名）	含量、剂型	稀释倍数	施用方法	每季最多 使用次数	安全间隔 期（天）
毒死蜱·氯氰菊酯 （除虫尽）	22%EC	1 000～1 500	喷雾	1	7
三氟氯氰菊酯 （功夫）	2.5%EC	2 000～4 000	喷雾	2	7
高效氯氰菊酯	4.5%EC	1 500～2 000	喷雾	1	3
溴氰菊酯（敌杀死）	2.5%EC	1 000～2 000	喷雾	3	2
氯氰菊酯	10%EC	1 500～2 000	喷雾	3	2
氰戊菊酯 （速灭杀丁）	20%EC	1 000～3 000	喷雾	3	12
氟氯氰菊酯 （百树得）	5.7%EC	1 000～2 500	喷雾	2	7
贝塔氟氯氰菊酯 （保得）	2.5%EC	1 000～2 500	喷雾	3	7
扫螨净	15%WP	1 000～1 500	喷雾	1	10
克螨特（螨除净）	73%EC	2 000～3000	喷雾	1	7
吡虫啉（一遍净）	10%EC	4 000～6 000	喷雾	2	7
丁硫克百威 （好年冬）	20%EC	1 000～1 200	喷雾	2	7
喹硫磷	25%EC	800～1 000	喷雾	1	9
万灵（灭多威）	24%WG	250～300	喷雾	1	7
	90%WP	1 000～1 500	喷雾	1	7
敌敌畏	80%EC	1 000～2 000	喷雾	3	7
敌百虫	90%晶体	1 000	喷雾	2	7
乐果	40%EC	1 000～2 000	喷雾	1	7
辛硫磷	50%EC	1 000～1 500	喷雾 浇根	3 1	5 17
齐墩螨素（虫螨克）	1.8%EC	3 000～4 000	喷雾		7

（续）

农药名称 （通用名、商品名）	含量、剂型	稀释倍数	施用方法	每季最多 使用次数	安全间隔 期（天）
杀螟杆菌粉		600	喷雾		1～2
青虫菌（蜡螟 杆菌 1 号）粉剂		600	喷雾		1～2

注：①凡经国家批准登记的新农药，如暂无农药残留限量、使用次数及安全间隔期的，可参照农药说明书使用；②最多施药次数指每季作物的最多施药次数；③安全间隔期指最后一次施药至作物收获时允许的间隔天数；④农药剂型 SP（可溶性粉剂）、EC（乳油）、WP（可湿性粉剂）、SL（浓缩可溶剂）、GR（颗粒剂）、WG（水分散颗粒剂）、AC 或 AS（水剂）、SC 或 FL（悬浮剂）。下同。

三、病害用药安全使用技术

芝麻生产中存在的病害主要有茎点枯病、枯萎病、立枯病、红色根腐病、白绢病、疫病、青枯病、黑斑病、叶枯病、叶斑病、白粉病、变叶病、轮纹病、褐斑病、细菌性角斑病、病毒病（花叶、黄花叶）等。

1. 芝麻杀菌剂的种类 可用于芝麻病害防治的杀菌剂主要包括 3 种类型：

（1）无机杀菌剂 碱式硫酸铜、石硫合剂等。

（2）合成杀菌剂 代森锰锌、福美双、多菌灵、甲基硫菌灵、百菌清、三唑酮、三唑醇、烯唑醇、戊唑醇、己唑醇、腈菌唑、腐霉利、异菌脲、嘧霉胺、氟吗啉、盐酸吗啉胍、噁霉灵、噻虫·咯·霜灵（迈舒平）、噻菌铜、抑霉唑、甲霜灵·锰锌、亚胺唑、噁唑烷酮·锰锌、脂肪酸铜、松脂酸铜、腈嘧菌酯等。

（3）生物制剂 井冈霉素、农抗 120、菇类蛋白多糖、春雷霉素、多抗霉素、宁南霉素、农用链霉素等。

2. 芝麻病害防控的方式

（1）药剂拌种 1 千克种子，用 25% 噻虫·咯·霜灵 4 毫升，加水 50 毫升稀释后拌种。

（2）药剂防治 间苗前后可选用 70% 噁霉灵 3 000 倍液＋70%

甲基硫菌灵 800 倍液，或 28％井冈多菌灵 500 倍液喷淋芝麻幼苗（或多菌灵和井冈霉素单剂按推荐用量混合喷淋）。

芝麻开花结蒴期，高温、多雨、高湿利于多种病害的发生。在该时期，应根据田间系统观察情况，结合天气预报，及时做好病害预防工作。在盛花期，可选用 25％嘧菌酯 1 000 倍液或 50％咪酰胺锰盐 1 500 倍液喷洒 1 次（每种化学农药限用 2 次）。

终花期以后，可换用 25％戊唑醇 1 200 倍液或 30％己唑醇 2 500倍液，施药间隔期为 7～10 天。田间发现零星轻发病株时，及时喷药防治，拔除、销毁重病株；遇连阴雨天气，雨后及时补喷，上述药剂可防治茎点枯病、枯萎病、叶病、白粉病等多种真菌性病害。疫病由卵菌引起，发生初期选用 69％烯酰·锰锌 1 000 倍液，或 58％的甲霜灵·锰锌 500 倍液喷雾。花期喷药时可加 3‰磷酸二氢钾混合喷雾。该时期利于真菌、细菌、卵菌引起的三类病害混合发生，可根据病害发生种类，对症下药，选择可兼容的药剂混合喷雾，防治多种病害。

在病害防控过程中，注意嘧菌酯不能与杀虫剂乳油，尤其是有机磷类乳油混用，也不能与有机硅类增效剂混用，以免由于渗透性和展着性过强引起芝麻产生药害（表 3 - 2）。

表 3 - 2　芝麻杀菌剂安全使用标准

农药名称（通用名、商品名）	含量、剂型	稀释倍数	施用方法	每季最多使用次数	安全间隔期（天）
百菌清	75％WP	600～800	喷雾	3	7
霜脲·锰锌（克露）	75％WP	500～800	喷雾	2	5
代森锰锌	80％WP	500～800	喷雾	2	15
	70％WP	500～700		3	7
丙森锌（安泰生）	70％WP	500～700	喷雾	2	7
甲霜灵·锰锌（瑞毒霉·锰锌）	58％WP	2 000～3 000	喷雾	2	2
噁霜·锰锌（杀毒矾）	64％WP	5 000～1 000	喷雾	3	3

（续）

农药名称 （通用名、商品名）	含量、剂型	稀释倍数	施用方法	每季最多 使用次数	安全间隔 期（天）
多菌灵	50%WP	500～1 000	喷雾	2	5
霜脲·锰锌（克露）	72%WP	600～800	喷雾	3	2
甲基硫菌灵 （甲基托布津）	70%WP	1 000～2 000	喷雾	2	5
异菌脲（扑海因）	50%SC	1 000～2 000	喷雾	1	10
氢氧化铜（可杀得）	77%WP	500～800	喷雾	3	3
复硝酚钠（爱多收）	1.8%WC	6 000～8 000	喷雾	2	7
乙烯菌核利 （农利灵）	50%WP	1 000～1 300	喷雾	2	4
腐霉利（速克灵）	50%WP	1 000～2 000	喷雾	2	1
三唑酮（粉锈宁）	25%WP	1 000～2 000	喷雾	2	7
霜霉威（普力克）	72.2%AS	600～800	喷雾	4	3
琥胶肥酸铜 （DT 杀菌剂）	30%WP	400～600	喷雾	4	3
络氨铜	14%SL	300	喷雾	3	7

四、除草剂安全使用技术

在芝麻生产中使用除草剂时，为了达到安全高效除草的目的，必须采取恰当准确的施药方法，把除草剂投放到靶标的适当部位或适宜的范围内，以利于杂草充分吸收而杀死杂草，同时保护芝麻不受损害。常用的施药方法主要有播种前及播种后的土壤处理和生长期的茎叶处理。除草剂既有单用又有混用，如果使用不当，不仅达不到理想的除草效果，浪费药剂，而且还会对芝麻或后茬农作物造成严重药害。

1. 除草剂的喷洒技术　除草剂的使用方法有两种，即茎叶处理和土壤处理。土壤处理又可分播前土壤处理和播后土壤处理。

（1）茎叶处理　将除草剂直接喷洒在杂草茎叶上的方法，称为茎叶处理。这种方法一般在杂草出苗后使用。使用除草剂作茎叶处理，药液喷在杂草茎叶上，应该保证农作物绝对安全。需要用灭生性除草剂防除杂草时，实行苗前处理或定向喷雾（保护性施药），并在喷雾器上装上挡板或防护罩，使药液不能接触到农作物，以消灭行间杂草。在农作物高大时，压低喷头喷洒。使用背负式喷雾器，每公顷喷药液 450～750 千克，雾点要细，以便药液在叶面上黏附。有风时，要防止雾滴飘移到邻近的敏感农作物上，并防止漏喷重喷。除草剂的水剂、乳油、可湿性粉剂均可对水喷雾，但施用可湿性粉剂配成的药液喷药时，要边搅拌边施药，以免发生沉淀、堵塞喷头。为了增加效果，可在药液中加入药液量 0.1％左右的湿润剂、黏着剂，如常用的洗衣粉等。

低容量或超低容量喷雾法近年来已成为一项新的施药技术。施药效果受风力、风向的影响，适宜在风速 1～3 米/秒时进行。

（2）土壤处理　就是将除草剂用喷雾、喷洒、泼浇、浇水、喷粉或毒土等方法，施到土壤表层或土壤中，形成一定厚度的药土层，接触杂草种子、幼芽、幼苗及其他部分（如芽鞘）而被其吸收，从而杀死杂草。一般多用常规喷雾处理土壤，播种前施药是播前土壤处理，播后苗前施药是播后苗前土壤处理。实施土壤处理的具体方法，有以下几种：

①喷雾法。小面积施药时，使用的喷雾机具为压缩式喷雾器。大面积施药时，使用机械动力带动悬挂喷雾机械喷雾。使用喷雾法作播前土壤处理和播后苗前土壤处理，是常用的土壤处理方法。

②喷洒法。用喷壶喷洒药液，处理的土层厚、效果好，在土壤干旱地区药效显著。

③泼浇法。将药剂配成较稀的药液，用盆或其他用具泼浇于田中（必须泼浇均匀）。

④浇水施药法。在有灌溉条件的地方，将一定量的除草剂配成较浓的药液，逐渐加入灌溉水中，随流水流入田中。

⑤毒土法。将药剂和一定数量过筛后潮湿细土或沙子按比例均匀混合，制成毒土，用撒毒土的方法防除杂草，称为毒土法。均匀

拌土、撒施，保证单位面积的有效药量。一般潮湿细土的标准是含水量 60%，混拌后闷 3~4 小时，让药剂充分被土粒吸收，才能保证除草剂充分发挥效果。

⑥颗粒剂法。撒颗粒状药剂的方法，称为颗粒剂法。颗粒剂是由除草剂和固体载体配合而成的颗粒状药剂，撒时比较方便，也不污染空气，残效期较长，一般只作土壤处理使用。

土壤处理按喷雾、毒土等方式，又可分为全面施药和苗带（或带状）施药两种。苗带施药可降低成本，减少污染，一般可减少用药量 1/2 左右。

（3）使用时间

①播前没有农作物生长，用除草剂对杂草进行茎叶处理或土壤处理，消灭杂草，称为播前土壤处理。在芝麻播种前使用除草剂，将杂草杀死后再播种，必要时创造条件诱发杂草萌芽，之后将杂草杀死，待药效过后播种，这样对芝麻安全。

②芝麻播种后，用除草剂封闭土壤，称为播后苗前土壤处理。播后苗前处理又称芽前处理，就是在芝麻种子播种后出苗前使用除草剂。这个时期比较短，仅几天时间，要严格掌握，根据情况在苗前用上除草剂。播后苗前土壤处理防除杂草的效果较好，但施药不及时，会影响芝麻出苗和产生药害。对将要出苗或已出苗的芝麻田，千万不能再使用除草剂，以免形成药害。

③在芝麻生长期，一般用选择性强的除草剂进行茎叶喷雾，杀死杂草，称为茎叶处理。茎叶处理就是在芝麻生长时期用药防除杂草。在这个时期使用的除草剂需要有很好的选择性，既对杂草敏感、选择性强，而又在芝麻抵抗性比较强的时期进行，或者使用有定向喷雾装置的喷雾器喷雾，以免造成芝麻药害。

2. 施用除草剂的技术要求 使用除草剂的目的是消灭田间杂草，保证芝麻安全生长，并且不能产生药害。因此，应根据杂草、农药、工具、环境条件，选用不同的施药方法，掌握安全、高效使用除草剂的技术要点。使用化学除草剂的技术要点是："一平""二匀""三准""四看""五不"。

一平：地要平。施药的田块要精细耕作，保证地面平整，无大土块，没有坑坑洼洼。如果地不平，浇水和降雨很容易使田块高处的药剂向低洼处移动，以致在地面高的地方药少造成草荒，在地面低洼之处药量增多芝麻受药害。因此，精细平整土地，可提高播种质量，减少药害，保证全苗，达到前期喷药杀草，后期以芝麻的高密度控草。

二匀：药在载体上要混均匀（药水、药土、药肥），喷雾或撒毒土要均匀。二匀的目的是均匀用药，以保证除草效果，减少药害。

三准：施药时间要准，施药量要准，施药地块面积要准。如施药时间、面积、用药量不准，就收不到应有的除草效果，而且还会使芝麻受药害。

四看：看苗情、看草情、看天气、看土质，灵活掌握施药期、施药量和施药方法。

五不：苗弱苗倒不施药，毒土太干或田土太干不施药，叶上有露水、雨水时不施某些除草剂，漏水田不施药。如上述 5 种情况下施药，易发生药害，药效不佳。

3. 除草剂的安全使用技术　除草剂的不同品种都有各自的特点，选择性、杀草范围、吸收传导和杀草原理等都有所差别。实践证明，在一个地方长期使用一种或同一类型的除草剂，杂草的抗药性逐渐增加，农田杂草群落发生变化，化学除草剂的难度提高。为此，采用两种或两种以上除草剂混用的剂型，在生产上已大量应用。其优点如下：

（1）除草剂的混合作用

①扩大杀草范围。农田杂草种类繁多，阔叶杂草和单子叶杂草、一年生和多年生杂草，常混合生长，而每一种除草剂又有一定的杀草范围，因而把不同选择性和不同作用部位的除草剂科学混合使用，杀草范围明显扩大。

②延长施药适期。除草剂混用后，可延长施药适期。

③降低残留毒性。除草剂合理混用后，残留毒性小、残效期

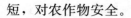

短，对农作物安全。

④提高除草效果。除草剂合理混用后，具有明显的增效作用。

⑤增产作用明显。除草剂科学混用后，除草效果明显，对农作物安全，增产比较明显。

（2）除草剂混用原则 除草剂混用，要根据除草剂的特点、杂草种类、农作物类型进行科学配比，并要做一些兼容性试验，在理化性状和除草效果均优的情况下，才能确定混用。

①混用原则。

A. 混剂必须有增效或加成作用，并有物理化学的相容性，不发生沉淀、分层和凝结，对农作物不产生抑制和药害。

B. 混用单剂的杀草谱要有不同，以增加作用部位，扩大杀草范围，但使用时期及施药方法必须一致。

C. 坚持速效性与缓效性特点相结合，触杀型和内吸型相结合，残效期长的和残效期短的相结合，在土壤中扩散性大的和扩散性小的相结合，农作物吸收部位不同的相结合。

D. 除草剂混用组合选择和各自的用量，要根据田间杂草群落、种类、发生程度、土壤质地、有机质含量、农作物种类、农作物生育期等因素而确定，除草剂的混用量应为单剂用量的 $1/3 \sim 1/2$，绝不能超过在同一农作物上的单剂用量，才能达到经济、安全、有效的目的。

除草剂混用的效果，受到多种因素的影响，大面积应用混剂时，应按不同比例在不同条件下，先做小面积试验，取得可靠的除草效果及药害等数据，确定最佳比例，并待除草效果稳定后，再进行大面积应用推广。

②常见除草剂混用品种。根据除草剂混用的原则，一般由工厂直接加工复配成制剂品种。

③除草剂与杀虫剂、化肥混用。除草剂与杀虫剂、植物生长调节剂、化肥等混用，一般是现混现用，不宜久放。

A. 除草剂与杀虫剂混用：某些除草剂与杀虫剂混用有增效作用，如西维因、速灭威和敌稗混用，敌稗的除草效果明显提高。

B. 除草剂和植物生长剂混用：有的除草剂加入植物生长调节剂后，除草活性明显提高，如草甘膦和脱叶磷混用。

C. 除草剂与化肥混用：除草剂与化肥混用可提高功效，降低成本，增加产量。

五、除草剂不能代替中耕

目前化学除草剂在农业生产上的使用已基本普及，有些农户在施用除草剂后，以为杂草已除掉，没必要再中耕了。其实，除草剂只能除草，代替不了中耕，中耕除了能除草外，还有其他多种重要作用。

1. 增加土壤通气性 芝麻属于旱地作物，中耕可增加土壤的通气性，增加土壤中氧气含量，增强芝麻的呼吸作用，根系吸收能力加强，从而生长繁茂。

2. 增加土壤有效养分含量 土壤中的有机质和矿物质养分，都必须经过土壤微生物的分解后，才能被芝麻吸收利用。当土壤板结不通气、土壤中氧气不足时，土壤养分不能充分分解和释放。中耕松土后，土壤微生物因氧气充足而活动旺盛，大量分解和释放土壤潜在养分，提高土壤养分的利用率。

3. 调节土壤水分含量 干旱时中耕，能切断土壤表层的毛细管，减少土壤水分向土表运送而蒸发散失，提高土壤的抗旱能力。

4. 提高土壤温度 中耕松土，能使土壤疏松，受光面积增大，吸收太阳辐射能增强，散热能力减弱，并能使热量很快向土壤深层传导，提高土壤温度。

5. 抑制徒长 芝麻营养生长过旺时，深中耕可切断部分根系，控制吸收养分，抑制徒长。施用化学除草剂后，芝麻、大豆等旱地作物，中耕应在喷药后 20～25 天进行，否则会影响化学除草效果。

第四章
芝麻田安全施肥技术

本章导读

芝麻对施肥有良好的反应，属于喜肥作物且生育期短。科学安全施肥是提高芝麻产质和增加经济收入的重要措施之一。在施肥过程中应结合地力和芝麻需肥以及土壤的特点，确定合理的施肥方案。目前我国芝麻施肥技术仍较落后，农户的施肥量仍以经验为主，盲目增施肥料，一方面造成严重的资源浪费，另一方面也导致农田及环境的污染。因此，根据芝麻的需肥规律，摸清不同生育期的需肥特点，实现芝麻科学安全施肥，对推动芝麻的高产、优质、高效生产和芝麻产业化发展具有重要作用。对芝麻施肥的重点在于时机和方法的把握，要求苗肥要"早"、蕾肥要"巧"、花肥要"重"。

第一节 芝麻安全施肥技术原则

一、芝麻施肥中存在的问题

肥料作为一种基本生产资料，在我国芝麻生产中起着至关重要的作用。近年来，随着我国化肥施用量和化肥种类的增加，芝麻种植户在施肥过程中存在以下几点问题。

1. 重视化肥轻视有机肥 目前芝麻种植中普遍存在着"有机肥肥效慢、效果差，化肥见效快、效果好"的错误认识，加上有机肥施用方法烦琐、运输不方便的特点而受到忽视，农户更加倾向于购买方便、运输便捷、施用简单的化肥。而且多数农户错误地认

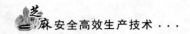

为，化肥施用越多产量越高，因此盲目地增加化肥用量，不仅造成肥料的巨大浪费，还降低了肥效，徒增了成本，加重了污染。

2. 重视用量轻视配比　由于对各种肥料的特性和作用不了解，盲目增施氮肥，以氮代磷、以氮代钾，造成氮肥过量投入，磷、钾肥投入不足，氮、磷、钾比例严重失调，养分供需不平衡，进而影响芝麻的生长发育。

3. 施肥方法不科学　一方面，芝麻施肥过程中施肥深度不够，化肥表施现象严重。随着农业技术的进步，现代化的施肥技术和方法并没有完全被农户所掌握和应用，多数农户为了省工省时，采用化肥表施的施肥方式，即过去农民所说的"撒六月雪"，造成肥料利用率的降低。另一方面，种肥隔离不好，造成烧种烧苗问题。随着科学技术的发展，一些高浓度的单质化肥和高浓度的复合肥越来越多地应用于芝麻生产中，而农机等配套设施不健全，造成部分地区出现大面积的烧种、烧苗问题。同时，芝麻施肥过程中还存在"一炮轰"，基肥和追肥比例不合理，追肥时间不恰当等问题。

4. 施肥不能因地制宜　由于市场上化肥种类繁多，加之经销商的不当宣传，容易误导购肥农民，在化肥的选择和使用上比较盲目，未能根据当地土壤养分状况和当地主栽芝麻品种的需肥特性来合理选择肥料类型，施肥时存在较大的盲目性和随机性。

二、芝麻田安全施肥的原则

庄稼一枝花，全靠肥当家。肥料在农业生产中具有重要作用。因此只有正确掌握芝麻的施肥原则，才能充分发挥肥料的作用，实现芝麻的高产、高效、优质生产。芝麻田安全施肥基本原则主要有以下几点。

1. 基肥为主，追肥为辅　基肥主要是供给芝麻整个生长期中所需要的大部分养分，为其生长发育创造良好的养分条件，也有改良土壤、培肥地力，为芝麻高产稳产打好基础的作用。芝麻需肥量大，且生育期短，对养分需求比较集中。基肥施用量应占总施肥量的 $60\%\sim70\%$。追肥的目的是及时调节芝麻不同生育期对养分的需求，争取获得高产。芝麻生育中后期，植株代谢旺盛，干物质积累量大，对养分需求较大，合理追肥能满足芝麻中、后期生长发育、开花、结蒴对养分的需要。

2. 基肥以有机肥为主、化肥为辅 有机肥所含营养物质全面，肥效长而稳定。有机肥具有活化土壤微生物的功能，土壤微生物活性的增加可提高土壤养分的利用率，提高作物的抗病能力。但有机肥养分含量低，因此需配合施入一定量的氮、磷、钾化肥，结合整地翻埋土中。一般用腐熟的堆厩肥、人畜粪和饼肥等有机肥。化肥与有机肥配合施用作基肥时，化肥的用量要视农家肥的数量和质量而定。生产中不许使用城市垃圾、污泥、工业废渣和未经无害化处理的有机肥，应以有机肥、缓释肥、速效化肥配合施用。

3. 一稳、二准、三狠 一稳，即苗期施肥要稳。夏芝麻苗期生长缓慢，根系吸收养分的能力弱，若基肥不足会造成幼苗瘦弱，应尽早追施提苗肥，但用肥量要小，否则很容易引起高脚苗。二准，即现蕾期追肥要准。夏芝麻现蕾到初花期，生长速度明显加快，此时若及时追肥就能促进花芽分化，提高结蒴数量。三狠，即花期追肥要狠。夏芝麻盛花期到成熟期边开花、边结蒴、边成熟，对养分的需求量急剧增加。此期追肥既能减少夏芝麻黄梢尖和秕粒，还能增加千粒重，因此施肥要狠。

第二节　芝麻肥料种类与使用

一、有机肥

1. 有机肥的种类 具体可以分为以下几类。

（1）商品有机肥　工业废弃物，如酒糟、醋糟、木薯渣、糖渣、糠醛渣等；城市污泥，如河道淤泥、下水道淤泥等。上述物质经一定的生产工艺流程可制得商品有机肥。

（2）传统有机肥　农业废弃物，包括堆肥、沤肥、秸秆直接还田以及沼肥；畜禽粪便，包括人畜粪尿及厩肥、禽粪、海鸟粪以及蚕沙等；绿肥，包括栽培绿肥和野生绿肥。

可用于芝麻生产上的有机肥主要包括作物秸秆、绿肥、沼肥、堆肥、沤肥、厩肥、饼肥和泥肥等，主要用作芝麻的基肥。农家肥是有机肥料的主要来源，一般有厩肥、人粪尿、陈墙土、杂草堆肥、草木灰和城市垃圾等。

2. 有机肥的使用　有机肥料的特点是所含营养物质比较全面，它不仅有丰富的有机质、氮、磷、钾，而且还含有钙、镁、硫、铁以及一些微量元素，肥效长而稳定。它不仅可以为芝麻直接提供养分，而且可以活化土壤中的潜在养分，增强微生物活性，促进物质转化。施用有机肥料还能改善土壤理化性状，提高土壤肥力，防治土壤污染。充分利用有机肥源，科学积制、合理施用，既能使农业废弃物再度利用，减少化肥投入，保护农村环境，创造良好的农业生态系统，又可以培肥土壤，达到芝麻稳产高产、增产增收的目的。但是有机肥料存在养分含量低、肥效缓慢、肥料中的养分当季利用率低等缺点，且有机肥料施肥数量大，运输和施用耗费劳力多。在芝麻生长旺盛、需肥较多的时期，有机肥料往往不能及时满足芝麻对养分的需求。

二、氮肥

1. 氮肥的种类　氮肥可分为三大类，分别为铵态氮肥、硝态氮肥和酰胺态氮肥，主要包括氨水、硫酸铵、碳酸氢铵、氯化铵、硝酸铵、硝酸钠、硝酸钙和尿素、石灰氮等。芝麻对氮素的吸收主要以铵态氮的形态为主，所以碳酸氢铵、尿素、硫酸铵、硝酸铵等都可用于芝麻的生产中。

2. 氮肥的使用　由于氮肥在土壤中存在氮素的挥发、淋失和反硝化作用三条损失途径，降低了氮肥利用率，所以在芝麻生产中，氮肥应深施。一方面能减少肥效的损失，另一方面也可减少田间杂草对氮素的消耗，提高氮肥利用率。有研究表明，氮肥深施比表面撒施利用率提高 20%～30%，并能延长肥效时间。氮肥与有机肥结合能及时满足芝麻营养关键期对氮素的需要，同时有机肥还具有改土培肥的作用，做到用地、养地相结合。氮肥与其他肥料配

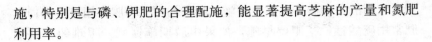

施，特别是与磷、钾肥的合理配施，能显著提高芝麻的产量和氮肥利用率。

三、磷肥

1. 磷肥的种类 根据磷肥的溶解度大小和作物吸收的难易程度，可将磷肥划分为水溶性磷肥，如过磷酸钙、重过磷酸钙；弱酸性磷肥，如钙镁磷肥、钢渣磷肥、偏磷酸钙等。

2. 磷肥的使用 普通过磷酸钙、重过磷酸钙、磷酸二氢铵、磷酸氢二铵和钙镁磷肥都适用于芝麻，另外，一些地方芝麻施用磷矿粉也比较普遍。对于不同酸碱度的土壤，磷肥品种的选择有所差异，酸性土壤上主要施用磷酸二氢铵、磷酸氢二铵、钙镁磷肥、磷矿粉等，而碱性土壤上主要施用普通过磷酸钙、磷酸二氢铵、磷酸氢二铵、重过磷酸钙。磷肥主要作为基肥施用。

四、钾肥

1. 钾肥的种类 以营养元素钾为主要成分的化肥，主要品种有氯化钾、硫酸钾等。

2. 钾肥的使用 氯化钾、硫酸钾、磷酸二氢钾等都可用于芝麻生产。在芝麻的产量、品质上各种钾肥都没有差异，从经济的角度上讲，氯化钾是芝麻种植中钾肥的最佳选择。所有钾肥品种都可作为基肥和追肥。

五、微量元素肥料

1. 微量元素肥料的种类 如含有效态硼、锰、铜、锌、钼、铁、硼等微量元素的肥料。

2. 微量元素肥料的使用 微量元素对芝麻的增产也发挥着很大的作用，根据芝麻不同的生育时期对微量元素的需求状况，采用合适的微肥及施用方法，可以起到明显的增产效果。缺乏微量元素会影响芝麻的代谢作用，造成植株发育不良，进而影响芝麻的产量。芝麻生长发育过程中需要的主要微量元素有硼、锌、锰等。硼

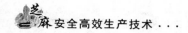

肥通常用的是硼砂，基施、追施、拌种均可；锌肥常用硫酸锌；锰肥常用硫酸锰，锰肥要早施，如果中后期施锰肥，很难纠正缺锰症状。

第三节　芝麻施肥方式

一、基肥

根据芝麻需肥较多，而生育期又较短的特点，应重施基肥。施足基肥是提高土壤肥力，促进壮苗早发，实现芝麻高产稳产的重要措施。基肥施用量应占总施肥量的 60%～70%，不得少于 50%。芝麻的生育期短，需肥较多而集中，"有钱难买根下肥"形象地表明了基肥对高产芝麻的意义。基肥的施用原则为"有机肥为主、化肥为辅"，有机肥所含营养物质全面，不仅含有氮、磷、钾，而且还含有钙、镁、硫、铁以及一些微量元素，肥效长而稳定，但养分含量低，因此需配合施入一定量的氮、磷、钾化肥，结合整地翻埋土中。一般用腐熟的堆厩肥、人畜粪和饼肥等有机肥。化肥与有机肥配合施用作基肥时，化肥的用量要视农家肥的数量和质量而定。根据肥料质量、土壤供肥能力和产量水平等确定合理的用肥量。一般每公顷 30～45 吨的优质有机肥作基肥时，应同时配合施用尿素 60～75 千克或碳酸氢铵 180～225 千克，施磷肥 300～450 千克。播种后施入畜粪水 30 吨左右。如果不施有机肥，单纯施用化肥作基肥时，必须加大氮素的施用量，应每公顷施尿素 300 千克或碳酸氢铵 600 千克左右，磷肥 300～450 千克和硫酸钾 150 千克，可将肥料先施在种穴内或条播沟内，然后播种。由于芝麻根系较浅，大约90% 的根量分布在 9.9～16.5 厘米土层内，基肥不应施入过深，以掩埋地下 15～17 厘米为宜。

夏芝麻播种季节性很强，应提前做好施基肥的准备，有机肥事先运到地头，待前作收获后，及时运送到田间。为加快施肥进度，也可采用饼肥、化肥和人粪尿作基肥，或在冬季、早春给前茬作物施入大量慢性肥料，利用后效来代替部分基肥。春芝麻的基肥应结合最后一次犁地翻埋土中，以分层次施用的肥效最好。有机肥和磷肥必须在犁地前均匀地撒施地面，然后浅犁，也可在犁后耙前撒施有机肥。速效性化肥以犁后耙前撒在土垡上较好，也可采用浇淋方法，即每公顷用尿素 60～90 千克兑水 3 000 千克浇泼于芝麻苑部。此外，对缺硼地区和缺硼土壤还应酌情增施硼肥。

二、追肥

为了满足芝麻一生中的养分供应，以及后期稳长不早衰、籽粒充实饱满，单靠基肥不能满足的必须进行追肥。对那些少施和不施基肥的芝麻来说，追肥更为重要。如不及时追肥，会出现脱肥现象，轻者生长缓慢、叶小变黄、茎秆细矮、花少蒴瘦，重者产量降低、品质变劣。芝麻追肥必须掌握追肥时期和方法。关于追肥时期，掌握看苗施肥、狠抓花肥的原则。

1. 苗期　芝麻幼苗生长缓慢，根系吸收养分的能力较弱，一般土壤肥沃、基肥充足、幼苗生长健壮的条件下不追肥。而土地瘠薄，土壤供肥能力差或施基肥不足或不施基肥或过于晚播的夏芝麻，苗黄瘦弱、苗势很差，可先少量追施提苗肥。在苗期追肥要体现一个"早"字，追肥过晚，起不到提苗作用。但也不宜太早，过早根系吸收养分能力很弱，浪费肥料。分枝型品种提苗肥应当在分枝前追施，单秆型品种追肥应当在现蕾前追施。追施肥料的用量应视苗情而定，以稀释腐熟的人粪尿或尿素效果好，也可追施速效性氮素进行提苗，培育壮苗早发。一般需每公顷施尿素 75～150 千克。

2. 现蕾至初花期　"芝麻苗碗口大"时正是花芽分化时期，根系吸收养分能力增强，植株生长速度日益加快，干物质积累日益加大，对养分的需要量也显著增加，必须适时重施花肥。这一阶段追肥效应最好，能培养芝麻植株茎秆粗壮、稳健早发、叶色浓绿的高产长相。为了保证芝麻植株强壮生长，促进花芽分化，以施化肥较为方便，必须重施速效性氮肥，以氮肥为主，磷、钾肥为辅，每公顷追施硫酸铵 150～225 千克或尿素 112.5～150 千克，同时，用

0.4％的磷酸二氢钾与 0.2％的硼砂混合溶液进行叶面喷施，5 天左右 1 次，连喷 2 次。也可施用腐熟的饼肥、粪肥、厩肥等。于初花期，条播时应在行中间开沟条施或点施，施入 10 厘米左右土层中，以利根的吸收，施后覆土。在撒播情况下，除腐熟的饼肥或颗粒状尿素可掺土撒施，随即中耕松土掩肥外，其他各种化肥都应该开穴点施，切忌撒施，如硫酸铵为粉末状、硝酸铵易潮解，都容易黏附在芝麻叶片茸毛上，引起烧苗。天气干旱时，施后灌水，才能充分发挥肥效。

3. 开花结蒴期　此期是芝麻生长最旺盛时期，干物质积累最多，70％的产量构成要素均在终花期形成，也是需肥高峰期，吸收养分量占总量的 70％～80％，最大限度地延长这一生育时期的生长时间是高产的关键。为了防止脱肥，避免植株早衰，力求多开花、多结蒴，减少"黄梢尖"，改善土壤营养状况，延长叶片功能期，适当适量地追肥也会收到较好的效果。但是，为了防止芝麻贪青晚熟，此期追肥要慎重，一般不施或少施追肥。这个阶段追肥宜早不宜迟，最迟不能晚于盛花期。此期以养根护叶为主，还应适时向叶面喷洒黄腐酸 4 000 倍液，或 1％的尿素液及低浓度的其他微量元素溶液，保证芝麻收获期仍有 2～3 片绿叶，正常缓慢落色。

4. 追肥方法　追肥的方法妥当与否，对肥料的利用率和提高产量有直接关系。芝麻的追肥时期都处在高温季节里，遇到土地干旱和暴雨的机会较多。为了防止高温暴晒导致养分挥发，应趁土壤墒情较好时，将肥料施入土中覆土盖严。芝麻追肥应与中耕、培土、浇水等工作密切结合，采取开沟条施和穴施。追肥本着近根又不伤根的原则，不宜过浅、过远，特别是氮肥应施在离根际 3～4 厘米、浅埋 4～6 厘米的土中为宜。如遇雨追肥撒施时，切忌雨停后施用，这样撒下的肥料会烧坏叶片。

每次追肥应遵照配方施肥的要求，在原来施肥的基础上，分期补追一定量的氮肥、磷肥和钾肥。幼苗期一般不追肥，即使追肥也不宜过多。对弱苗每公顷追施 45～75 千克尿素，促使壮苗早发。蕾前期追肥，分枝型品种应在分枝期，单秆型品种应在现蕾期，每公顷施尿素 75～150 千克，可有效地使果轴伸长，增加蕾、花、蒴数，提高单株生产力。基肥和前期追肥较足，开花结蒴阶段可以不追肥或少追肥。有些弱苗可追施"偏心肥"，促弱转强，以求个体间均衡发展，形成整齐的高产群体。追肥量要视植株的整体长势和个体间强弱差异程度而定，通常每公顷追施尿素 60～75 千克。

三、种肥

种肥用量小、见效快、肥效高，是一种充分发挥肥效和经济用肥的施肥方法。种肥对芝麻条播、穴播和移栽及其育苗圃均可适用。黄、淮芝麻产区广大的砂姜黑土地上，铁茬种植芝麻无法施基肥时，可采用耧耩，先将种肥尿素、过磷酸钙、磷酸二氢钾或腐熟的饼肥掺匀播下，然后将种子播入土内；零星产区穴播、手工开沟条播时，下籽后将少量化肥或腐熟的家禽、家畜厩肥、饼肥均匀撒入种穴、种沟内，然后适当覆土，浅盖保墒。微量元素可以浸种、拌种使用。苗圃育苗时在整地过程中，将化肥和优质农家肥拌在苗床的浅土层内。为了确保高效和安全，种肥如用有机肥料，必须事先充分腐熟，沤制时可混入磷肥；如用化学肥料，必须限量、撒匀，防止烧芽。施肥量一般每公顷用饼肥 225～300 千克、尿素 45～75 千克、磷肥 225 千克或鸡粪、猪粪、羊粪、牛粪 4 500～7 500 千克或优质堆肥 15 000 千克。种肥无论采取哪一种施用方法，都应防止直接暴晒，避免养分流失，保持土壤湿度，便于根系吸收，严防使用过量或生粪烧苗。

四、叶面喷肥

芝麻叶片大，茎和叶的表面密生茸毛，还有很多较大的气孔，能够黏附和吸收较大的肥料溶液。芝麻叶面喷施肥料，吸收好，能均匀地进入茎、叶组织内，迅速参与代谢作用，其效果较为理想。芝麻叶面喷肥可以较好地补充中、后期植株对营养物质的需求，对增蒴、攻粒、保叶具有较大的作用。这种施肥方法有许多优点，可以不受土壤条件、生育时期的限制；喷施方法简便易行；能与病虫防治、生长调节剂等药剂混合使用；省工省时，用肥量少。因此，叶片喷肥近几年受到农民群众的普遍欢迎。叶面喷肥应选择阴天或晴天傍晚进行，避免喷肥时受高温和干热风的干扰，减少营养液水分的蒸发，更有利于叶片对营养的吸收。叶面喷肥，在肥力较高的土地上增产少，在肥力低的土地上增产多。芝麻叶面喷肥的最佳时期为开花结蒴期，间隔 5～6 天连续喷 2～3 次 0.4％硫酸钾或磷酸二氢钾溶液，能明显增加单株蒴数、单蒴粒数和千粒重，可增产6％～20％。在花期喷施两次磷酸二氢钾溶液，千粒重平均增加0.09 克，增产率为 19％。具体方法：在芝麻始花到盛花期，一般每公顷用磷酸二氢钾 3～3.75 千克，兑水 750～940 千克稀释后喷于叶片正反面，每次间隔 5～7 天，连喷 2～3 次。喷施尿素时，可使用 0.2％水溶液，每公顷喷液量为 750～900 千克，喷施方法与农田喷施农药的方法相同。叶面喷肥一种成本低、见效快、方法简便、易于推广的施肥方法，但作物吸收矿物质营养主要靠根部，叶面追肥只能作为一种辅助手段，生产上仍应以根部施肥为主；采取叶面追肥时，必须在施足基肥并及时追肥的基础上进行，只有这样才能取得理想效果。

第五章
芝麻的连作障碍

本章导读

　　连作常造成芝麻病害加重，减产严重，有时甚至减产达一半以上。本章着重阐述了连作造成芝麻减产的机理、连作对芝麻生长发育的影响以及连作障碍的应对措施，为种植户规避连作障碍、提高芝麻种植产量和效益提供理论依据和技术支撑。

第一节　连作障碍原理

　　人们在农业实践中，逐步认识到同一种作物或近缘植物在同一地块上连续种植，将出现植株发育不良、病虫危害加重现象，严重影响作物产量和品质。这一现象称为连作障碍。国外有学者将产生作物连作障碍的原因归纳为五大因子：土壤养分亏缺、土壤反应异常、土壤理化性状恶化、来自植物的有害物质和土壤微生物变化。国内学者将其归结为以下五个方面：病虫害加重、微生物群落失衡、土壤中营养匮乏、土壤某些酶活性降低和根系分泌物中毒。在芝麻生产中，连作使土壤微生物和无机养分的平衡受到破坏，土壤病菌得到发展，导致土壤病害蔓延，从而严重影响芝麻生产。连作障碍成为影响芝麻生产的主要因素之一。作物的连作障碍发生成因及机理可通过图 5-1 进行解释。

一、化感作用

　　1937 年德国学者 Mlisch 提出化感作用的概念，化感作用是指

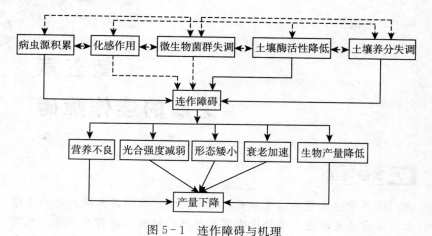

图 5-1 连作障碍与机理

注：实线表示已有研究报道或关系基本清楚，虚线表示仍须进一步验证。

植物（微生物）分泌某些化学物质对其他植物（微生物）的生长产生的抑制或促进作用。对于农作物来说，其化感物质的来源途径主要有 3 种：一是作物根系分泌的有毒物质直接进入土壤；二是作物地上部分的茎和叶分泌的有毒物质通过降水淋溶进入土壤；三是作物根、茎、叶腐烂后分解累积的有毒物质。化感作用产生的有毒物质称为自毒物质，自毒物质是作物连作障碍的主要因素，连作产生的自毒物质在土壤中不断积累，对作物的生长发育和产量将会产生非常大的影响，通常情况下会减产 10%～20%，严重时甚至会造成绝收。自毒物质主要通过以下 3 个方面对作物的生长和产量产生影响：一是改变细胞膜的结构和功能。细胞膜是化感物质作用的初始位点，自毒物质通过改变细胞膜的结构和功能进而影响植株的物质吸收与代谢功能。二是对土壤酶活性产生影响，自毒物质在土壤中残留，将影响土壤中的硝酸还原酶活性、根系脱氢酶活性和 PAL 酶活性，进而影响根系活性。三是影响植物对营养及水分的吸收。自毒物质通过干扰 ATP 的产生、ATP 酶活性以及 ATP 和 ATP 酶在能量迁移过程中的作用，进而使膜结构和膜功能发生改变，影响了细胞膜对水分和养分的吸收与利用，导致植株生长发育受阻。

二、连作造成土壤理化性状改变

随着种植年限及复种指数的增加，以及农民为追求高效益而盲目施肥，特别是氮肥的大量施用，使得土壤有机质含量偏低，连续在同一块田种植同一种或同一类作物，作物根系产生的分泌物及其在生长过程中大量吸收消耗阳离子元素，促使土壤酸度增加及土壤理化性状发生变化，并迅速减少土壤中拮抗微生物数量，枯萎病等嗜酸性土传病原微生物迅速增加，最终导致芝麻枯萎病日益严重而减产。由于在连作情况下，农户为了追求高产高效益，大量施用化学肥料，特别是氮素肥料，造成土壤有机质含量逐渐下降、酸性增加，最终导致土壤团粒结构被破坏，土壤板结加重。同时，芝麻根系分泌的有机酸加重土壤酸化，因此芝麻如多年连作，因根酸聚集较多，影响其根系对养分与水分的吸收，导致土壤酸化及土壤养分失衡，从而抑制植株生长，引起植株生长势减弱、结实性状变劣而导致减产。

三、连作造成土壤养分失衡

芝麻长期连作，可能造成土壤中某一种或某几种营养元素过度消耗，造成这些营养元素的供应越来越不足，而另一些营养元素却日益富集，造成土壤养分偏耗，致使土壤养分失衡，连作年限加剧，有可能使土地失去种植芝麻的可能性，这就是所谓的"土壤衰竭"。2010年和2011年河南省农业科学院芝麻研究中心对芝麻连作对土壤养分释放的影响开展了研究（表5-1），从表5-1可见，对于大量元素来说，连作使土壤养分释放能力下降，连作3年，氮、磷、钾的养分递减率分别为3.31%、7.61%、8.56%，其中，磷、钾的递减效应大于氮素，说明常年连作土壤中易缺磷、钾元素。对于微量元素来说，连作使土壤中的有效硼下降最为明显，连作3年，有效硼下降了61.11%，养分递减率为15.28%；其次为有效锌，养分递减率为9.27%，有效铁为6.01%。

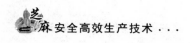

表 5-1 连作对土壤养分释放的影响

营养元素	正茬		重茬一年		重茬二年		重茬三年		养分递减率(%)
	平均数	变异系数(%)	平均数	变异系数(%)	平均数	变异系数(%)	平均数	变异系数(%)	
速效氮(毫克/千克)	68.79a	24.6	63.67ab	17.0	62.47ab	19.6	59.69b	18.9	3.31
有效磷(毫克/千克)	41.51a	9.2	32.32ab	17.9	28.70b	20.4	28.87b	17.6	7.61
速效钾(毫克/千克)	162.06a	11.5	122.12b	10.0	110.34bc	13.0	106.56c	9.6	8.56
交换性钙(毫克/千克)	7 620.91a	4.5	7 450.01ab	2.6	7 326.05b	2.0	5 870.75c	12.0	5.74
交换性镁(毫克/千克)	484.98a	11.2	486.02a	7.6	476.17a	7.9	462.47a	6.1	1.16
有机质(%)	1.58a	5.8	1.61a	7.4	1.58a	5.0	1.59a	4.8	—
有效锰(毫克/千克)	13.77a	25.0	13.50a	25.2	13.12ab	25.1	12.58b	25.9	2.16
有效钼(毫克/千克)	0.18a	21.9	0.15b	30.7	0.15b	21.3	0.07c	30.6	15.28

（续）

营养元素	正茬		重茬一年		重茬二年		重茬三年		养分递减率(%)
	平均数	变异系数(%)	平均数	变异系数(%)	平均数	变异系数(%)	平均数	变异系数(%)	
有效硼(毫克/千克)	21.63a	11.2	18.50b	11.3	17.15c	19.3	16.43c	18.1	6.01
有效铁(毫克/千克)	1.99a	2.5	1.84ab	3.8	1.81b	2.6	1.76b	4.8	2.89
有效铜(毫克/千克)	1.78a	17.7	1.50b	11.1	1.36c	16.3	1.12d	12.0	9.27
有效锌(毫克/千克)	68.79a	24.6	63.67ab	17.0	62.47ab	19.6	59.69b	18.9	3.31

注：不同小写字母表示差异显著（$P<0.05$）。

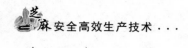

表5-2 连作对土壤微生物活性的影响

连作年限		微生物数量				微生物占总群落百分比（%）		
		细菌（×10⁶）	放线菌（×10³）	真菌（×10³）	总群落数	细菌	放线菌	真菌
根区	正茬	183.62	216.79	131.87	183.89	99.856	0.118	0.072
	连作1年	140.27	134.51	106.71	140.48	99.847	0.096	0.076
	连作2年	95.82	86.89	77.32	96.04	99.767	0.090	0.081
	连作3年	62.26	51.63	58.08	62.41	99.752	0.083	0.093
根际	正茬	166.34	32.63	32.85	166.41	99.961	0.020	0.020
	连作1年	157.53	28.53	47.82	157.60	99.952	0.018	0.030
	连作2年	148.11	25.83	58.96	148.19	99.943	0.017	0.040
	连作3年	115.26	19.81	72.53	115.35	99.920	0.017	0.063
根区/根际	正茬	1.10	6.64	4.01	1.11	1.00	6.01	3.63
	连作1年	0.89	4.71	2.23	0.89	1.00	5.29	2.50
	连作2年	0.65	3.36	1.31	0.65	1.00	5.19	2.02
	连作3年	0.54	2.61	0.80	0.54	1.00	4.82	1.48

四、连作造成土壤生物学环境破坏

土壤微生物区系和土壤酶活性是衡量土壤微生物活性环境和土壤质量的重要指标，连作常导致土壤微生物区系发生改变，这种改变常表现为土壤微生物区系活性环境由细菌型转变为真菌型，而土壤酶活性降低。连作土壤对土壤酶活性的影响主要表现：土壤酶活性的两个重要指标（蛋白酶与多酚氧化酶）活性均表现为先升高后下降的变化趋势，并且连作年限增加，土壤脲酶活性逐渐下降，蔗糖酶活性呈逐渐增加的变化趋势。土壤生物活性是反映土壤生态系统功能的重要指标。土壤生物活性高，土壤的生态系统稳定性和缓冲容量就大，因而土壤对外来胁迫引起的生态系统波动的恢复能力就高。土壤微生物是土壤中活的有机体，细菌、放线菌和真菌是土壤微生物的三大类群，构成了土壤微生物的主要生物量，它们的区系组成和数量变化常反映出土壤生物活性水平。连作对土壤微生物活性的影响主要表现：土壤微生物总量、细菌和放线菌数量呈明显下降的趋势，真菌数量增加，土壤微生物区系由"细菌型"向"真菌型"转化，由连作对土壤微生物活性的影响（表5-2）可见，芝麻连作下，土壤中微生物总量下降，细菌和放线菌占微生物总群落百分比下降，真菌占比上升。连作年限越长，土壤中芽孢杆菌数量下降越严重，土壤尖孢镰刀菌和青枯劳尔氏菌数量却逐渐上升。

五、土壤次生盐渍化及酸化

连作情况下，土壤得不到"休养生息"，供养能力逐渐下降，在这种情况下，若想获得作物高产，只有大量施用化学肥料，在长期施用化学肥料的情况下，容易造成土壤中盐分积累，造成土壤次生盐渍化。大量施用无机氮肥，氮素消耗，引起土壤 pH 下降，造成土壤酸化，土壤这些性状的改变，进而影响土壤养分有效性的改变，致使植株养分吸收异常，导致生长发育受到不同程度的影响。

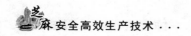

第二节　连作对芝麻生长的影响

一、连作对芝麻生育的影响

连作对芝麻的生长发育、形态建成、光合生理、物质合成和代谢都有不同程度的影响。连作对芝麻生育的影响主要表现在芝麻个体生长发育缓慢、植株矮小、结蒴数少、千粒重低、病虫害加重、抗性降低、干物质积累量下降、产量降低等，且随连作年限的延长上述症状加重。通过对连作土壤对芝麻农艺性状的影响研究（表5-3）发现，随着连作时间的延长，芝麻株高降低，始蒴部位延长，果轴长度缩短，始蒴部位/果轴长度比值上升。

表5-3　连作对芝麻农艺性状的影响

连作年限	株高 （厘米）	始蒴部位 （厘米）	黄梢尖 （厘米）	果轴长度 （厘米）	始蒴部位/ 果轴长度
正茬	140.5	50.4	4.0	86.2	0.58
连作1年	117.7	48.7	4.0	65.1	0.75
连作2年	117.5	53.8	1.6	62.1	0.87
连作3年	108.2	50.5	2.9	54.9	0.92

二、连作对植株营养特性的影响

连作严重影响了植物对各种营养元素的吸收和积累。关于连作对芝麻植株营养特性的吸收与利用还未见报道。在大豆上研究表明土壤连作导致大豆植株体内的硝态氮、有效磷和速效钾含量显著降低，同时连作植株对微量元素的吸收也显著减少，而对中量元素钙的吸收却显著增加。

三、连作对病害发生的影响

连作常导致植株病害加重，尤其是根部的病害发生加重。连作芝麻收获时发病率明显高于正茬芝麻，河南省农业科学院芝麻研究中心的研究结果表明，收获时芝麻发病率为多年连作土壤＞2 年连作土壤＞1 年连作土壤＞正茬土壤。在红壤旱地上种芝麻，连作土壤的茎点枯病和青枯病随连作年限的增加，发病率呈逐渐增加的变化趋势，连作 3 年后病情指数接近 50%。

四、连作对芝麻产量的影响

连作条件下，芝麻生长发育受到不同程度的影响，生物产量下降，经济性状变劣，最终导致其产量下降。通过对连作土壤对芝麻经济性状的影响研究（表 5-4）发现，在连作条件下单株结蒴能力和单蒴结籽能力均下降，千粒重下降，最终导致单株产量下降。有研究表明，连作除降低植物的产量外，也可使其品质变劣。

表 5-4　连作对芝麻产量构成因素的影响

连作年限	单株蒴数（蒴/株）	单蒴粒数（粒/蒴）	千粒重（克）	单株产量（克/株）
正茬	72.3	73.3	2.8	11.8
连作 1 年	60.3	63.3	2.7	10.4
连作 2 年	43.7	55.0	2.1	8.3
连作 3 年	31.3	53.9	1.8	6.2

第三节　连作障碍的应对措施

一、进行轮作换茬

轮作倒茬是克服芝麻连作障碍的最经济有效的措施之一。芝麻轮作倒茬的好处很多，首先是用地、养地相结合，使前后茬都能增产。芝麻是自身养分还田最好的作物之一。芝麻从土壤中吸收的营养随着产量的提高而增多，自身还田的养分也相应增加。据测定，当芝麻产量为 900～1 377 千克/公顷时，需从土壤中吸收纯氮 61.95～137.1 千克/公顷、五氧化二磷 21.75～36 千克/公顷。芝麻的花、蒴、茎秆、蒴壳和饼粕中可还田的氮素约占吸收量的

78％、磷素占 92％，还有很多钾素和微量元素。因此，通过种芝麻，将一些无机肥料变为有机肥料，既有利于改良土壤、培肥地力，又可使其他作物获得高产。芝麻是浅根系作物，对氮、钾需要量较多，如连年种植芝麻，浅土层的氮、钾就越来越少，势必不能满足芝麻的生长需要。另外，与芝麻轮作的豆科作物需磷、钙肥较多，甘薯需钾肥较多，谷子和棉花需氮、磷肥较多。因各种作物根系分布的深度和宽度也不相同，芝麻和这些作物倒茬后，不同作物就可全面地、合理地利用土壤上、中、下层的养分。其次是芝麻倒茬能有效地预防病虫害。危害芝麻的病菌能在土壤中存活很长时间，连年种植芝麻为这些病菌的繁殖提供了有利条件，病害就会越来越重；实行轮作倒茬后，病菌失去寄主而逐渐丧失生存能力，就可减轻或避免病害的危害。一般间隔 3 年以上种一次芝麻，防病效果最好。最后，芝麻是宽行种植的夏季中耕作物，有晒地改土作用；芝麻的生育期短、腾茬早，号称"小晒垡"，是小麦的好前茬。

1. 黄淮、江淮夏芝麻一年两熟或两年五熟制的轮作制 黄淮、江淮产区是我国芝麻的主产区，年种植面积和总产均占全国的 70％以上。该区主要以夏芝麻为主，其轮作倒茬种植制度都是以小麦、油菜为主，因地制宜地形成了用地、养地，以油促粮，力求粮、油双丰收的多种方式。芝麻轮作倒茬的种植方式如下：

（1）小麦-夏芝麻-小麦-大豆或甘薯-小麦或油菜。

（2）油菜-夏芝麻-小麦-玉米-小麦-大豆-小麦。

（3）豌豆-夏芝麻-小麦-玉米-小麦-玉米、绿豆-小麦。

（4）春高粱或春甘薯-小麦-夏芝麻-小麦。

（5）棉花或春甘薯（2～3 年）-春芝麻-小麦-夏玉米或夏大豆。

（6）晚甘薯、棉花或大豆-春芝麻-小麦-甘薯或大豆-棉花。

2. 一年一熟和两年三熟制地区的轮作制 我国东北地区为一年一熟制地区，芝麻栽培除集中产地外，多零星分布，因此参与轮作的周期较长。华北为一年一熟兼两年三熟制地区，除在冬闲地上种植芝麻外，中、南部地区还在冬小麦茬地种植芝麻。我国东北和华北的轮作方式如下：

（1）玉米→芝麻→春小麦→大豆→高粱或粟（黑龙江双城）。

（2）高粱→芝麻→春小麦→大豆→玉米→高粱→大豆→高粱（吉林白城）。

（3）甘薯或夏大豆→芝麻→小麦-晚粟或花生（山东西北部）。

（4）棉花或甘薯→芝麻→小麦-晚玉米或大豆（河北中南部）。

（5）高粱或甘薯→小麦-芝麻→小麦（河北中南部）。

3. 一年三熟地区的轮作制　江西、广东、福建和浙江钱塘江以南有一年三熟制中的晚芝麻。晚芝麻轮作的主要形式如下：

（1）小麦-早大豆-晚芝麻→油菜或冬小麦-棉花或花生（江西）。

（2）早稻-晚芝麻→冬小麦或油菜（江西）。

（3）大麦-早大豆-晚芝麻（湖北）。

二、选用耐连作的品种

不同品种对连作障碍的适应性存在一定差异。不同株型品种在生育期、根系发育等方面存在一定差异，对耐连作的适应性也不同。据花生试验，根系发达、生育期相对较长的普通型大花生适应性较好，而生育期较短的珍珠豆型小花生适应性较差。品种对连作的适应性只是一个相对指标，适应性强的品种在同样的连作条件下较适应性差的品种减产幅度较小，但这并不表示适应性强的品种在连作条件下一定能获得高产。

三、增施有机肥和生物微肥

有机肥除能够提供作物所需要的营养外，更重要的是有机肥可改善土壤的理化性状，改善土体结构，促使土壤团粒结构形成。有研究认为，增施有机肥可使花生在连作条件下增产 13.3％。生物微肥是一种有机生物活体制剂，施用生物微肥可保持作物根际微生物活性平衡，提供作物生长发育所需的各种营养元素，促进土壤结

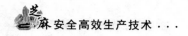

构良性转化，克服过量使用化肥和不平衡施肥所造成的种种弊端，有研究认为，施用生物微肥较施用化肥可使花生增产 25.47%～39.58%，平均增产 34.92%。

四、改进土壤耕作技术

深翻可翻转耕层土壤，打破犁底层，增加活土层，改善耕层土壤物理、化学和生物学性状。同时，通过深翻可将坚实的耕作层疏松，从而使土壤总体积增加、总孔隙量增加、非毛管孔隙量也相应增多，增加土壤的通透性，促进根系发育。另外，深翻也可将表土层的病原菌和虫卵进行"深埋"，减轻病虫危害。

附 录

麦茬芝麻免耕生产技术规程

1 范围

本标准规定了麦茬芝麻免耕生产的品种选择及种子处理、免耕精播、田间管理、收获与贮藏。

本标准适用于麦茬芝麻免耕生产。

2 规范性引用文件

下列文件对于本文件的应用是必不可少的。凡是注日期的引用文件，仅注日期的版本适用于本文件。凡是不注日期的引用文件，其最新版本（包括所有的修改单）适用于本文件。

GB 4407.2 经济作物种子第2部分：油料类

GB 5084 农田灌溉水质标准

GB/T 8321（所有部分）农药合理使用准则

NY/T 1276 农药安全使用规范 总则

NY/T 496 肥料合理使用准则 通则

3 品种选择及种子处理

3.1 品种选择

选择适应当地生态和生产条件、生育期85～90天、优质、高产、抗逆性强的鉴定品种。种子质量应符合GB 4407.2的规定。

3.2 种子处理

3.2.1 晒种

播种前5～7天，选择晴朗天气，将种子摊匀、晾晒1～2天，

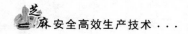

并不断翻动。

3.2.2　包衣或浸种拌种

种子包衣或浸种拌种，见附录 A，农药使用应符合 GB/T 8321、NY/T 1276 的规定。

4　免耕精播

4.1　选地

选择 3 年以上未种芝麻、土层深厚、质地中壤偏上、肥力中上等、排灌方便的地块。

4.2　麦茬处理

小麦机收，留茬高度 10～15 厘米，并及时处理秸秆。

4.3　播种

若墒情适宜（土壤相对含水量 60%～70%），应抢墒播种；墒情不足，造墒播种。

使用芝麻免耕施肥精播一体机械作业，等行距（行距 28～30 厘米）或宽窄行（行比 50 厘米：30 厘米），每亩播种量 0.2～0.3 千克，每亩施用复合肥料（15－15－15）20～25 千克，播种深度 3.0～5.0 厘米。

5　田间管理

5.1　间定苗

麦茬精播芝麻一般无须间苗，如密度过大，可在 3～4 对真叶时定苗一次。6 月 5 日前播种，保证亩密度在 11 000 株左右，若播期推迟，密度适当增加。

5.2　肥水管理

5.2.1　追肥

在现蕾期至初花期，每亩追施尿素 5～8 千克，或复合肥料（15－15－15）10～15 千克。盛花期用 0.2%～0.3%磷酸二氢钾、1%～2%尿素水溶液进行叶面追肥，每亩用量 40 千克～50 千克，喷施 1～2 次，间隔 7～10 天。肥料质量应符合 NY/T 496 的规定。

5.2.2 灌排水

当 0～30 厘米土层含水量低于田间最大持水量的 50％时进行灌溉，灌水方式为滴灌或微喷，每亩灌水量 10～20 米^3。水质应符合 GB 5084 的规定。田间积水时应及时清沟排水。

5.3 适期打顶

盛花期后 20～25 天打顶，打顶长度 1.0～2.0 厘米。

5.4 病虫草害防治

5.4.1 防治原则

以"预防为主、综合防治"为原则，提倡物理防治和生物防治，化学防治应选用高效低毒农药。农药使用应符合 GB/T 8321、NY/T 1276 的规定。

5.4.2 防治方法

主要病虫草害防治方法，见附录 A。

6 收获与贮藏

6.1 收获时期

茎秆呈现黄色，叶片除顶梢外全部脱落，下部蒴果微裂、籽粒呈现该品种色泽时收获。

6.2 收获方式

机械收获：用芝麻收获机械收割打捆。

人工收割：用镰刀刈割，随割随捆，每 20～30 株扎成一捆。

收获后架晒，及时脱粒。

6.3 贮藏

脱粒后及时晾晒、去杂。待籽粒含水量＜9.0％时，存放于清洁、干燥、无污染的场所。

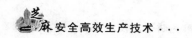

附录 A
（资料性附录）
芝麻主要病虫草害防治方法

芝麻主要病虫草害防治方法见表 A.1。

表 A.1 芝麻主要病虫害防治方法

类型	防治对象	防治时期与方法	防治次数
草害	杂草	1. 土壤封闭处理：播种后出苗前，每亩用72%异丙甲草胺150毫升，或96%精异丙甲草胺50～65毫升，或50%乙草胺乳油80～100毫升，对水30～40千克喷雾。 2. 单子叶杂草2～4叶期，每亩用5%精喹禾灵100毫升，或12.5%盖草能乳油40毫升，对水30～40千克喷雾。	1. 土壤封闭1次 2. 芽后除草喷施1～2次，间隔5～7天
主要病害	种传或土传病害（茎点枯病、枯萎病等）	1. 浸种：55℃温汤浸种10分钟或60℃温汤浸种5分钟。 2. 拌种：用种子量0.2%的50%多菌灵可湿性粉剂，或用种子量0.3%的2.5%咯菌腈悬浮种衣剂拌种。 3. 种子包衣：25%噻虫·咯·霜灵，或2.5%咯菌腈悬浮种衣剂。种子包衣剂用量与种子的质量比为2∶50。	1次
	真菌性病害（立枯病、茎点枯病、枯萎病等、叶斑病、白粉病等）	1. 定苗前每亩用28%井冈·多菌灵悬浮剂180～200毫升，对水30～40千克喷雾。 2. 花期每亩用32.5%苯甲·嘧菌酯乳剂40毫升，或25%戊唑醇可湿性粉剂30克，对水30～40千克喷雾。	喷施1～2次，间隔5～7天

（续）

类型	防治对象	防治时期与方法	防治次数
主要病害	细菌性病害（叶斑病、青枯病等）	用 72％农用硫酸链霉素 2 000 倍液，或 20％噻菌铜悬浮剂，或 20％噻唑锌悬浮剂 500 倍液喷雾。	喷施 1～2 次，间隔 5～7 天
主要虫害	地下害虫（蛴螬、金针虫等）和蚜虫	1. 土壤处理：每亩用 5％辛硫磷颗粒剂，或 55％二嗪磷颗粒剂 2.5～3.0 千克与肥料拌匀后施入。2. 出苗后每亩用 50％辛硫磷乳油 25～50 毫升，或 90％晶体敌百虫 50 克，拌细土 5.0 千克（或炒熟的麻饼、豆饼）均匀撒施。	1 次
	芝麻害虫（蚜虫、棉铃虫、甜菜夜蛾、芝麻天蛾、蟋蟀等）	1. 农业防治：及时清除田边杂草和上茬秸秆。2. 物理防治：用黑光灯或频振式杀虫灯或性引诱剂诱杀成虫，或糖醋液诱杀小地老虎、棉铃虫、甜菜夜蛾等成虫、蟋蟀。糖醋液配制比例为：糖 6 份、醋 3 份、白酒 1 份、水 10 份、90％敌百虫 1 份调匀。3. 生物防治：用 60 克/升乙基多杀菌素 1 500 倍液，或每亩用棉核·苏云菌悬浮剂 200～300 毫升，对水 40～50 千克喷雾。4. 化学防治：用 20％氯虫苯甲酰胺悬浮剂 4 000 倍液，或 10.5％甲维·氟铃脲乳油 1 500 倍液，或 150 克/升茚虫威 2 000 倍液防治棉铃虫幼虫。用 20％溴氰菊酯乳油 2 000 倍液防治螨类害虫。	喷施 2～3 次，间隔 5～7 天

图书在版编目（CIP）数据

芝麻安全高效生产技术 / 卫双玲，高桐梅主编. —
北京：中国农业出版社，2023.9
ISBN 978-7-109-30895-4

Ⅰ.①芝… Ⅱ.①卫… ②高… Ⅲ.①芝麻－栽培技术 Ⅳ.①S565.3

中国国家版本馆 CIP 数据核字（2023）第 130255 号

中国农业出版社出版
地址：北京市朝阳区麦子店街 18 号楼
邮编：100125
责任编辑：魏兆猛
责任校对：吴丽婷
印刷：中农印务有限公司
版次：2023 年 9 月第 1 版
印次：2023 年 9 月北京第 1 次印刷
发行：新华书店北京发行所
开本：880mm×1230mm 1/32
印张：4.5 插页：4
字数：130 千字
定价：35.00 元

彩图 1　芝麻枯萎病症状

彩图 2　芝麻茎点枯病症状

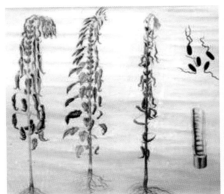

彩图 3　芝麻青枯病症状

彩图 4　芝麻疫病症状　　　　　　彩图 5　芝麻立枯病症状

芝麻叶斑病低温型蛇眼状病斑　　　　　　　芝麻叶斑病病叶

彩图 6　芝麻叶斑病症状

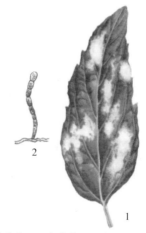

芝麻白粉病病叶　　　　　　　　1. 叶片症状；2. 病菌分生孢子和分生孢子梗

彩图 7　芝麻白粉病症状

彩图 8　芝麻花叶病毒病症状

彩图 9　芝麻黄花叶病症状

彩图 10　芝麻黑斑病症状

彩图 11　芝麻轮纹病症状

彩图 12　芝麻螟蛾

彩图 13　芝麻天蛾

彩图 14　蚜　虫

彩图 15　短额负蝗

彩图 16　蟋蟀及危害症状

彩图 17　华北蝼蛄的形态特征

彩图 18　东方蝼蛄的形态特征　　　　彩图 19　蛴螬的形态特征

彩图20 马 唐

彩图21 马齿苋　　　　　彩图22 苍 耳

彩图23 反枝苋

彩图 24　牛筋草

彩图 25　狗尾草

彩图 26　香附子　　　　　　　　彩图 27　菟丝子